普通高等教育应用技术型院校艺术设计类专业系列规划教材

# Adobe Animate CC2017
# 实例教程

主 编 蔡宣传

U0246939

合肥工业大学出版社

**图书在版编目（CIP）数据**

Adobe Animate CC2017实例教程/ 蔡宣传主编.—合肥：合肥工业大学出版社，2019

ISBN 978-7-5650-4634-6

Ⅰ.①A⋯　Ⅱ.①蔡⋯　Ⅲ.①超文本标记语言—程序设计—教材　　Ⅳ.①TP312.8

中国版本图书馆CIP数据核字（2019）第196454号

# Adobe　Animate　CC2017实例教程

主　　编：蔡宣传

责任编辑：王　磊

出　　版：合肥工业大学出版社

地　　址：合肥市屯溪路193号

邮　　编：230009

网　　址：www.hfutpress.com.cn

发　　行：全国新华书店

印　　刷：安徽联众印刷有限公司

开　　本：889mm×1194mm　1/16

印　　张：13.75

字　　数：310千字

版　　次：2019年8月第1版

印　　次：2019年8月第1次印刷

书　　号：ISBN 978-7-5650-4634-6

定　　价：58.00元

艺术设计教材编辑部电话：0551-62903120

# 第一章　初识 Animate CC / Flash

## 了解 Animate CC / Flash

Flash 是由 Macromedia 公司推出的交互式矢量图和 Web 动画的标准，由 Adobe 公司收购。做 Flash 动画的人被称之为闪客。网页设计者使用 Flash 创作出既漂亮又可改变尺寸的导航界面以及其他奇特的效果。Flash 的前身是 Future Wave 公司的 Future Splash，是世界上第一个商用的二维矢量动画软件，用于设计和编辑 Flash 文档。1996 年 11 月，美国 Macromedia 公司收购了 Future Wave，并将其改名为 Flash。后又于 2005 年 12 月 3 日被 Adobe 公司收购。Flash 通常也指 Macromedia Flash Player（现 Adobe Flash Player）。2012 年 8 月 15 日，Flash 退出 Android 平台，正式告别移动端。2015 年 12 月 1 日，Adobe 将动画制作软件 Flash professional CC2015 升级并改名为 Animate CC 2015.5。

（1）Flash/An 是一种集动画创作与应用程序开发于一身的创作软件。

（2）Flash/An 出现的历史背景和前提条件：

由于 HTML（标准通用标记语言下的一个应用）的功能十分有限，无法达到人们的预期设计，以实现令人耳目一新的动态效果，在这种情况下，各种脚本语言应运而生，使得网页设计更加多样化。然而，程序设计总是不能很好地普及，因为它要求一定的编程能力，而人们更需要一种既简单直观又有强大功能的动画设计工具，而 Flash 的出现正好满足了这种需求。

（3）Flash/An 的前身仅仅是作为当时交互制作软件的一个小型插件，后来才由 Macromedia 公司出品成单独的软件。曾与 Dreamweaver（网页制作工具软件）和 Fireworks（是一款创建与优化 Web 图像和快速构建网站与 Web 界面原型的理想工具）并称为"网页三剑客"。

（4）Flash/An 特别适用于创建通过 Internet 提供的内容，因为它的文件非常小。（图像—矢量）

（5）Flash/An 是一款非常优秀的矢量动画制作软件，制作的动画具有短小精悍的特点，所以被广泛应用于网页动画的设计中，以成为当前网页动画设计最为流行的软件之一。

## Animate CC / Flash 的应用领域

（1）网页设计

为达到一定的视觉冲击力，很多企业网站往往在进入主页前播放一段使用 Animate CC / Flash 制作的欢迎页 ( 也称为引导页 )；此外，很多网站的 Logo( 站标，网站的标志 ) 和 Banner( 网页横幅广告 ) 都是 Animate CC / Flash 动画。

当需要制作一些交互功能较强的网站时，例如制作某些调查类网站，可以使用 Flash 制作整个网站，这样互动性更强。

（2）网页广告

因为传输的关系，网页上的广告需要具有短小精干、表现力强的特点，而 Animate CC / Flash 动画正好可以满足这些要求。现在打开任何一个网站的网页，都会发现一些动感时尚的 Animate CC / Flash 网页广告。

（3）网络动画

许多网友都喜欢把自己制作的 Animate CC / Flash 音乐动画，Animate CC / Flash 电影动画传输到网上供其他网友欣赏，实际上正是因为这些网络动画的流行 Flash 已经在网上形成了一种文化。

（4）多媒体教学课件

相对于其他软件制作的课件，Animate CC / Flash 课件具有体积小、表现力强的特点。在制作实验演示或多媒体教学光盘时，Animate CC / Flash 动画得到大量运用。

（5）游戏

使用 Animate CC / Flash 的动作脚本功能可以制作一些有趣的在线小游戏，如看图识字游戏、贪吃蛇游戏、棋牌类游戏等。因为 Animate CC / Flash 游戏具有体积小的优点，一些手机厂商已在手机中嵌入 Animate CC / Flash 游戏。

## Animate CC / Flash 的界面与工具

### 1. 新建界面

新建，如果不是开发动画设计，只做一般的动画效果演示，直接选择 AS3.0 的模式。（图 1-1 至图 1-3）

图 1-1 快捷方式图标

图 1-2 工程文件格式（FLA）

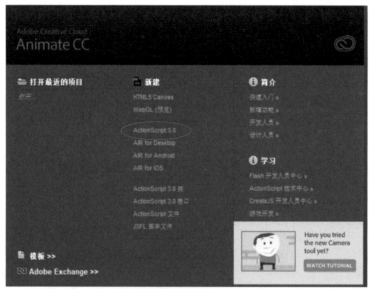

图 1-3

## 2. 总界面

软件界面可简单分为六个部分（菜单栏、场景、舞台、时间轴面板、功能面板组、工具栏）。（图1-4）

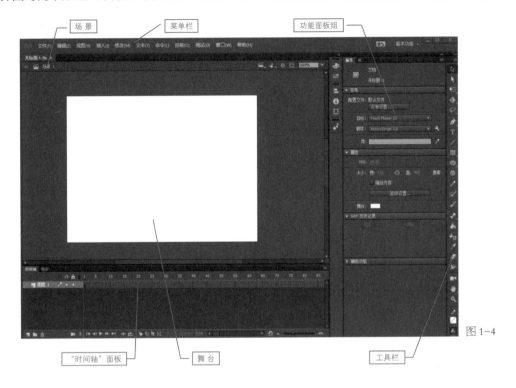

图1-4

这里提供了整个软件的各个菜单操作栏，所有的操作我们都可以在里面找到相应的操作按钮。（图1-5）

图1-5

## 3. 场景

编辑和播放动画的区域。（图1-6）

图1-6

## 4. 舞台

这里是我们制作动画的主要位置，动画的制作、调试都是在舞台进行的。（图1-7）

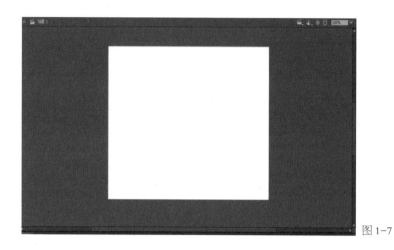

图 1-7

### 5. 时间轴面板

用于控制文档内容在一定时间内播放的层数和帧数。（图 1-8）

图 1-8

### 6. 功能面板组

包括各种可以移动和组合的功能面板，一般默认显示"属性面板"。（图 1-9）

图 1-9

属性：当前是选择"物 / 内容"的具体数据，可以根据里面提供的修改方式进行参数设置的修改。

库：所有图片资源素材和"元件"都在库中。

7. 工具栏

提供用于图形绘制和编辑的各种工具。（表1-1）

表 1-1　工具表

| 图　标 | 名　称 | 功　能 |
| --- | --- | --- |
|  | 选择工具 | 选取和移动场景中的对象，也可改变对象形状 |
|  | 部分选取工具 | 选取并调整对象路径，也可移动对象 |
|  | 任意变形工具 | 对选取对象进行变形，也可移动对象 |
|  | 3D旋转工具 | 对选取对象进行3D性的旋转变形 |
|  | 套索工具 | 选取不规则的对象范围 |
|  | 钢笔工具 | 绘制对象路径 |
|  | 文本工具 | 编辑文本对象 |
|  | 线条工具 | 绘制直线对象 |
|  | 矩形工具 | 绘制矩形和正方形对象 |
|  | 椭圆工具 | 绘制椭圆形和圆形对象 |
|  | 多角星形工具 | 绘制多角星对象 |
|  | 铅笔工具 | 绘制线条和图形对象 |
|  | 画笔工具 | 绘制矢量色块 |
|  | 刷子工具 | 创建一些特殊效果 |
|  | 骨骼工具 | 用于做机械运动或人走路向反向运动的动画 |
|  | 颜料桶工具 | 用于填充图形的内部 |
|  | 墨水瓶工具 | 编辑形状周围的线条的颜色、宽度和样式 |
|  | 滴管工具 | 对场景中对象的填充进行采样 |
|  | 橡皮擦工具 | 用来擦除线条、图形 |
|  | 描边工具 | 用于改变描边的粗细形状 |
|  | 摄像机 | 用于模拟摄像头在移动 |
|  | 手形工具 | 用于场景的移动 |
|  | 缩放工具 | 用于放大或缩小场景 |

## Animate CC / Flash 的常用快捷键

Animate CC / Flash 的快捷键是 Animate CC / Flash 为了提高软件画图或制作动画速度而定义的快捷方式，它用一个或几个简单的字母来代替常用的命令。

多种工具共用一个快捷键的可同时按【Shift】加此快捷键选取；查看键盘所有快捷键：【Ctrl】＋【Alt】＋【Shift】＋【K】

### 1. 工具使用快捷键

箭头工具【V】　部分选取工具【A】　线条工具【N】

套索工具【L】　钢笔工具【P】　文本工具【T】

椭圆工具【O】　矩形工具【R】　铅笔工具【Y】

画笔工具【B】　任意变形工具【Q】　填充变形工具【F】

墨水瓶工具【S 】颜料桶工具【K】　滴管工具【I】

橡皮擦工具【E】　手形工具【H】　缩放工具【Z】

### 2. 菜单命令快捷键

| | |
|---|---|
| 新建 Flash 文件【Ctrl】＋【N】 | 打开 Flash 文件【Ctrl】＋【O】 |
| 作为库打开【Ctrl】＋【Shift】＋【O】 | 关闭【Ctrl】＋【W】 |
| 保存【Ctrl】＋【S】 | 另存为【Ctrl】＋【Shift】＋【S】 |
| 导出影片【Ctrl】＋【Shift】＋【Alt】＋【S】 | 导入【Ctrl】＋【R】 |
| 发布设置【Ctrl】＋【Shift】＋【F12】 | 发布预览【Ctrl】＋【F12】 |
| 发布【Shift】＋【F12】 | 打印【Ctrl】＋【P】 |
| 退出 Flash【Ctrl】＋【Q】 | 撤销命令【Ctrl】＋【Z】 |
| 剪切到剪贴板【Ctrl】＋【X】 | 拷贝到剪贴板【Ctrl】＋【C】 |
| 粘贴剪贴板内容【Ctrl】＋【V】 | 粘贴到当前位置【Ctrl】＋【Shift】＋【V】 |
| 清除【退格】 | 复制所选内容【Ctrl】＋【D】 |
| 全部选取【Ctrl】＋【A】 | 取消全选【Ctrl】＋【Shift】＋【A】 |
| 剪切帧【Ctrl】＋【Alt】＋【X】 | 拷贝帧【Ctrl】＋【Alt】＋【C】 |
| 粘贴帧【Ctrl】＋【Alt】＋【V】 | 清除贴【Alt】＋【退格】 |
| 选择所有帧【Ctrl】＋【Alt】＋【A】 | 编辑元件【Ctrl】＋【E】 |
| 首选参数【Ctrl】＋【U】 | 转到第一个【HOME】 |
| 转到前一个【PGUP】 | 转到下一个【PGDN】 |
| 转到最后一个【END】 | 放大视图【Ctrl】＋【+】 |
| 缩小视图【Ctrl】＋【-】 | 100% 显示【Ctrl】＋【1】 |
| 缩放到帧大小【Ctrl】＋【2】 | 全部显示【Ctrl】＋【3】 |
| 转换为元件【F8】 | 新建元件【Ctrl】＋【F8】 |
| 新建空白帧【F5】 | 新建关键帧【F6】 |
| 删除帧【Shift】＋【F5】 | 删除关键帧【Shift】＋【F6】 |

显示 / 隐藏场景工具栏【Shift】+【F2】　　　　　修改文档属性【Ctrl】+【J】

优化【Ctrl】+【Shift】+【Alt】+【C】

添加形状提示【Ctrl】+【Shift】+【H】

缩放与旋转【Ctrl】+【Alt】+【S】

顺时针旋转 90 度【Ctrl】+【Shift】+【9】

逆时针旋转 90 度【Ctrl】+【Shift】+【7】

取消变形【Ctrl】+【Shift】+【Z】

移至顶层【Ctrl】+【Shift】+【↑】

上移一层【Ctrl】+【↑】　　　　　　　　　　下移一层【Ctrl】+【↓】

移至底层【Ctrl】+【Shift】+【↓】　　　　　　锁定【Ctrl】+【Alt】+【L】

解除全部锁定【Ctrl】+【Shift】+【Alt】+【L】

左对齐【Ctrl】+【Alt】+【1】　　　　　　水平居中【Ctrl】+【Alt】+【2】

右对齐【Ctrl】+【Alt】+【3】　　　　　　　顶对齐【Ctrl】+【Alt】+【4】

垂直居中【Ctrl】+【Alt】+【5】　　　　　　底对齐【Ctrl】+【Alt】+【6】

按宽度均匀分布【Ctrl】+【Alt】+【7】

按高度均匀分布【Ctrl】+【Alt】+【9】

设为相同宽度【Ctrl】+【Shift】+【Alt】+【7】

设为相同高度【Ctrl】+【Shift】+【Alt】+【9】

相对舞台分布【Ctrl】+【Alt】+【8】

转换为关键帧【F6】　　　　　　　　　　转换为空白关键帧【F7】

组合【Ctrl】+【G】　　　　　　　　　取消组合【Ctrl】+【Shift】+【G】

打散分离对象【Ctrl】+【B】　　　　　　分散到图层【Ctrl】+【Shift】+【D】

字体样式设置为正常【Ctrl】+【Shift】+【P】

字体样式设置为粗体【Ctrl】+【Shift】+【B】

字体样式设置为斜体【Ctrl】+【Shift】+【I】

文本左对齐【Ctrl】+【Shift】+【L】　　　文本居中对齐【Ctrl】+【Shift】+【C】

文本右对齐【Ctrl】+【Shift】+【R】　　　文本两端对齐【Ctrl】+【Shift】+【J】

增加文本间距【Ctrl】+【Alt】+【→】　　　减小文本间距【Ctrl】+【Alt】+【←】

重置文本间距【Ctrl】+【Alt】+【↑】

播放 / 停止动画【回车】　　　　　　　　　　后退【Ctrl】+【Alt】+【R】

单步向前【>】单步向后【<】　　　　　　　测试影片【Ctrl】+【回车】

调试影片【Ctrl】+【Shift】+【回车】　　　测试场景【Ctrl】+【Alt】+【回车】

启用简单按钮【Ctrl】+【Alt】+【B】　　　　新建窗口【Ctrl】+【Alt】+【N】

按轮廓显示【Ctrl】+【Shift】+【Alt】+【O】

高速显示【Ctrl】+【Shift】+【Alt】+【F】

消除锯齿显示【Ctrl】+【Shift】+【Alt】+【A】

消除文字锯齿【Ctrl】+【Shift】+【Alt】+【T】

显示 / 隐藏时间轴【Ctrl】+【Alt】+【T】

显示 / 隐藏工作区以外部分【Ctrl】+【Shift】+【W】

显示 / 隐藏标尺【Ctrl】+【Shift】+【Alt】+【R】

显示 / 隐藏网格【Ctrl】+【' 】

对齐网格【Ctrl】+【Shift】+【' 】      编辑网络【Ctrl】+【Alt】+【G】

显示 / 隐藏辅助线【Ctrl】+【;】      锁定辅助线【Ctrl】+【Alt】+【;】

对齐辅助线【Ctrl】+【Shift】+【;】

编辑辅助线【Ctrl】+【Shift】+【Alt】+【G】

对齐对象【Ctrl】+【Shift】+【/】      显示形状提示【Ctrl】+【Alt】+【H】

显示 / 隐藏边缘【Ctrl】+【H】      显示 / 隐藏面板【F4】

显示 / 隐藏工具面板【Ctrl】+【F2】

显示 / 隐藏时间轴【Ctrl】+【Alt】+【T】      显示 / 隐藏属性面板【Ctrl】+【F3】

显示 / 隐藏解答面板【Ctrl】+【F1】      显示 / 隐藏对齐面板【Ctrl】+【K】

显示 / 隐藏混色器面板【Shift】+【F9】      显示 / 隐藏颜色样本面板【Ctrl】+【F9】

显示 / 隐藏信息面板【Ctrl】+【I】      显示 / 隐藏场景面板【Shift】+【F2】

显示 / 隐藏变形面板【Ctrl】+【T】      显示 / 隐藏动作面板【F9】

显示 / 隐藏调试器面板【Shift】+【F4】      显示 / 隐藏浏览器【Alt】+【F3】

显示 / 隐藏脚本参考【Shift】+【F1】      显示 / 隐藏输出面板【F2】

显示 / 隐藏辅助功能面板【Alt】+【F2】      显示 / 隐藏组件面板【Ctrl】+【F7】

显示 / 隐藏组件参数面板【Alt】+【F7】      显示 / 隐藏库面板【F11】

## Animate CC / Flash 的基本操作

1. 绘图

  Animate CC / Flash 包括多种绘图工具，它们在不同的绘制模式下工作。许多创建工作都开始于像矩形和椭圆这样的简单形状，因此能够熟练地绘制它们、修改它们的外观以及应用填充和笔触是很重要的。对于 Animate CC / Flash 提供的 3 种绘制模式，它们决定了"舞台"上的对象彼此之间如何交互，以及你能够怎样编辑它们。默认情况下，Animate CC / Flash 使用合并绘制模式，但是你可以启用对象绘制模式，或者使用"基本矩形"或"基本椭圆"工具，以使用基本绘制模式。

2. 编辑图形

  绘图和编辑图形不但是创作 Animate CC / Flash 动画的基本功，也是进行多媒体创作的基本功。只有基本功扎实，才能在以后的学习和创作道路上一帆风顺；使用 Animate CC /Flash 绘图和编辑图形——这是 Animate CC / Flash 动画创作的三大基本功的第一位；在绘图的过程中要学习怎样使用元件来组织图形元素，这也是 Animate CC / Flash 动画的一个巨大特点。Animate CC / Flash 中的每幅图形都开始于一种形状。形状由两个部分组成：填充（fill）和笔触（stroke），前者是形状里面的部分，后者是形状的轮廓线。如果你总是可以记住这两个组成部分，就可以比较顺利地创建美观、复杂的画面。

3. 补间动画

补间动画是整个 Animate CC / Flash 动画设计的核心，也是 Animate CC / Flash 动画的最大优点，它有动画补间和形状补间两种形式；用户学习 Animate CC / Flash 动画设计，最主要的就是学习"补间动画"设计；在应用影片剪辑元件和图形元件创作动画时，有一些细微的差别，你应该完整把握这些细微的差别。

Animate CC / Flash 的补间动画有以下几种：

（1）动作补间动画

动作补间动画是 Animate CC / Flash 中非常重要的动画表现形式之一，在 Animate CC / Flash 中制作动作补间动画的对象必须是"元件"或"组成"对象。

基本概念：在一个关键帧上放置一个元件，然后在另一个关键帧上改变该元件的大小、颜色、位置、透明度等，Animate CC / Flash 根据两者之间帧的值自动所创建的动画，被称为动作补间动画。

（2）形状补间动画

所谓的形状补间动画，实际上是由一个对象变换成另一个对象，而该过程只需要用户提供两个分别包含变形前和变形后对象的关键帧，中间过程将由 Animate CC / Flash 自动完成。

基本概念：在一个关键帧中绘制一个形状，然后在另一个关键帧中更改该形状或绘制另一个形状，Animate CC / Flash 根据两者之间帧的值或形状来创建的动画称为"形状补间动画"。形状补间动画可以实现两个图形之间颜色、形状、大小、位置的相互变化，其变形的灵活性介于逐帧动画和动作补间动画之间，使用的元素多为鼠标或压感笔绘制出的形状。

小提示：在创作形状补间动画的过程中，如果使用的元素是图形元件、按钮、文字，则必须先将其"打散"，然后才能创建形状补间动画。

（3）逐帧动画

逐帧动画是一种常见的动画形式，它的原理是在"连续的关键帧"中分解动画动作，也就是每一帧中的内容不同，连续播放形成动画。

基本概念：在时间帧上逐帧绘制帧内容称为逐帧动画。由于是一帧一帧地画，所以逐帧动画具有非常大的灵活性，几乎可以表现任何想表现的内容。

在 Animate CC / Flash 中将 JPG、PNG 等格式的静态图片连续导入 Animate CC / Flash 中，就会建立一段逐帧动画。也可以用鼠标或压感笔在场景中一帧帧地画出帧内容，还可以用文字作为帧中的元件，实现文字跳跃、旋转等特效。

（4）遮罩动画

遮罩是 Animate CC / Flash 动画创作中所不可缺少的——这是 Animate CC / Flash 动画设计三大基本功能中重要的出彩点。使用遮罩配合补间动画，用户可以创建更多丰富多彩的动画效果：图像切换、火焰背景文字、管中窥豹等都是实用性很强的动画。并且，从这些动画实例中，用户可以举一反三创建更多实用性更强的动画效果。遮罩的原理非常简单，但其实现的方式多种多样，特别是和补间动画以及影片剪辑元件结合起来，可以创建千变万化的形式，你应该对这些形式做总结概括，从而使自己可以有的放矢，从容创建各种形式的动画效果。

在 Animate CC / Flash 作品中，常看到很多炫目神奇的效果，而其中部分作品就是利用"遮罩动画"

的原理来制作的，如水波、万花筒、百叶窗、放大镜、望远镜等。

基本概念：在 Animate CC／Flash 中遮罩就是通过遮罩图层中的图形或者文字等对象，透出下面图层中的内容。在 Animate CC／Flash 动画中，"遮罩"主要有两种用途：一种是用在整个场景或一个特定区域，使场景外的对象或特定区域外的对象不可见；另一种是用来遮罩住某一元件的一部分，从而实现一些特殊的效果。

被遮罩层中的对象只能透过遮罩层中的对象显现出来，被遮罩层可使用按钮、影片剪辑、图形、位图、文字、线条等。

（5）引导层动画

基本概念：在 Animate CC／Flash 中，将一个或多个层链接到一个运动引导层，使一个或多个对象沿同一条路径运动的动画形式被称为"引导路径动画"。这种动画可以使一个或多个元件完成曲线或不规则运动。

在 Animate CC／Flash 中引导层是用来指示元件运行路径的，所以引导层中的内容可以是用钢笔、铅笔、线条、椭圆工具、矩形工具或画笔工具等绘制的线段，而被引导层中的对象是跟着引导线走的，可以使用影片剪辑、图形元件、按钮、文字等，但不能应用形状。

小提示：引导路径动画最基本的操作就是使一个运动动画附着在引导线上，所以操作时应特别注意引导线的两端，被引导的对象起始点、终止点的两个中心点一定要对准"引导线"的两个端头。

## 第二章　实例——基础动画

案例分析：本章通过基础动画的制作，使初学者初步认识动画是如何形成的。

### 步骤一：前期准备工作

第一步，打开 AN，新建文档（Crtl+N），类型为 AS3.0；参数为 550×400；帧频 12fps。（图 2-1）

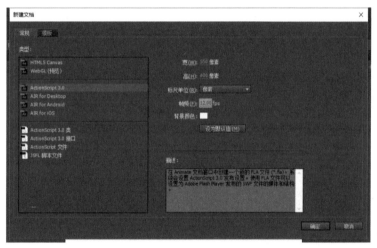

图 2-1

第二步，保存文件（Ctrl+S）。一开始就要做好保存的工作，在以后的操作中要习惯保存的动作。这样可以避免文件意外丢失。

### 步骤二：制作平移动画

第一步，新建一个图形元件（快捷键：Ctrl+F8），类型中有图形、影片剪辑、按钮三种选项，我们在这里，选中的是图形。（图 2-2）

图 2-2

第二步，此时我们可以看到在属性面板中的库中，有一个图形元件 1。双击元件 1，我们的舞台便为元件 1 的舞台。在元件 1 的舞台中，运用矩形工具 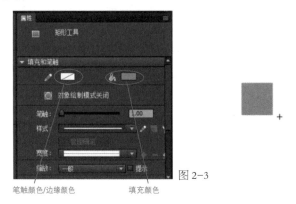（此时我们需要注意的是功能面板组中的填充和笔触）绘制一个矩形。（图 2-3）

图 2-3

笔触颜色/边缘颜色　　　　填充颜色

第三步，选中绘制的矩形，组合（Crtl+G），并对齐于舞台（Crtl +K）（对齐时需要注意勾选与舞台对齐）。（图 2-4）

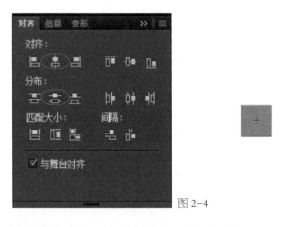

图 2-4

第四步，将我们刚才绘制的矩形元件拖入场景中。（图 2-5）

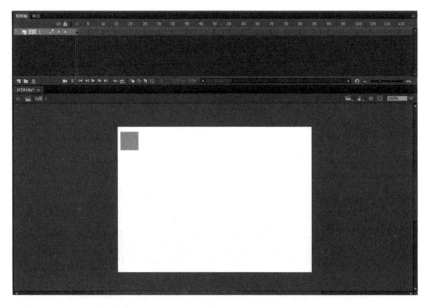

图 2-5

第五步，在场景中的时间轴图层 1 上的第 20 帧，添加一个关键帧（F6），此时第 20 帧上的关键帧也为图形元件 1，我们将第 20 帧上的元件 1 平行移动。（图 2-6）

图 2-6

第六步，在第 1 帧与第 20 帧中，选中一帧，击右键，创建传统补间动画。（图 2-7）

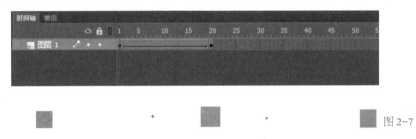

图 2-7

此时，一个矩形平移的动画就已经完成了。

## 步骤二：制作矩形同时缩小和平移的动画效果

第一步，选中场景，在场景中的时间轴新建一个图层。（图 2-8）

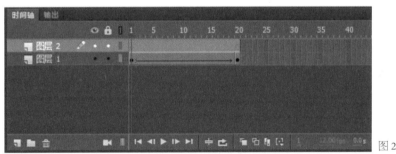

图 2-8

第二步，选中图层 2，在图层 2 的第 1 帧，我们可以看到是一个空白关键帧，此时我们将图形元件 1 拖入场景中，此时图层 2 的第 1 帧是一个实体关键帧。（图 2-9）

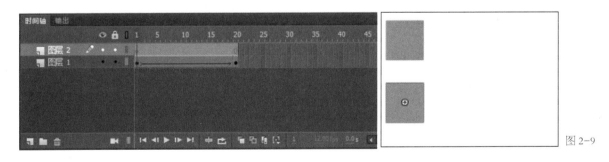

图 2-9

第三步，在时间轴图层2中，选中图层的第20帧，添加一个关键帧（F6），再将第20帧中的图形元件平移到与图层1平行。（图2-10）

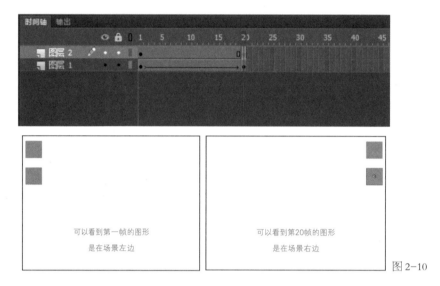

可以看到第一帧的图形
是在场景左边

可以看到第20帧的图形
是在场景右边

图2-10

第四步，选中图层2第20帧的图形，将它缩放（Crtl+Alt+S），得到如图2-11所示结果。

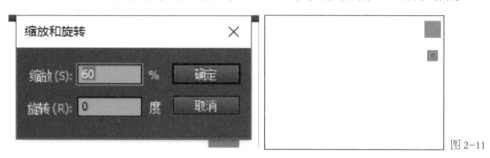

图2-11

第五步，在图层2中，第1帧至第20帧之间，选中一帧，击右键，创建传统补间动画。（图2-12）

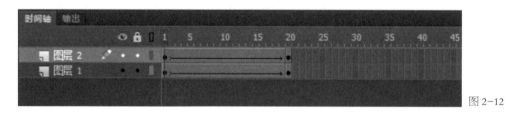

图2-12

此时，步骤二的动画，我们就已经完成了。（图2-13）

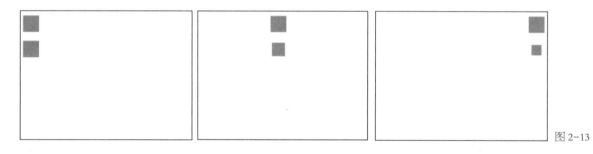

图2-13

### 步骤三：制作矩形同时缩小、平移和变色的动画效果

第一步，选中场景，在场景中的时间轴新建一个图层3，得到如图2-14所示结果。

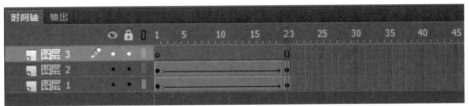

图2-14

第二步，同步骤二中的第二步，在图层3第1帧的空白关键帧上，拖入我们的图形元件。（图2-15）

图2-15

第三步，同步骤二中的第三步，在图层3的第20帧，添加一个关键帧（F6），将第20帧的图件元件平移到与图层2的第20帧的图形平行。（图2-16）

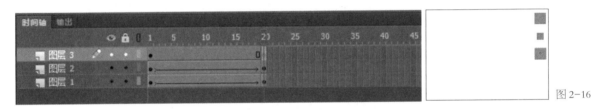

图2-16

第四步，将时间轴图层3中的第20帧的图形，缩放60%，并同时调整色调。（图2-17）

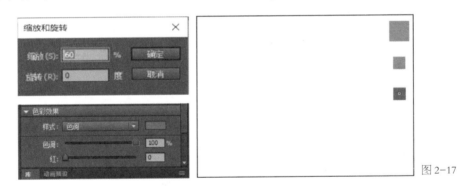

图2-17

第五步，在图层3中，第1帧至第20帧间，选中任意一帧，击右键，创建传统补间动画，如图2-18所示。

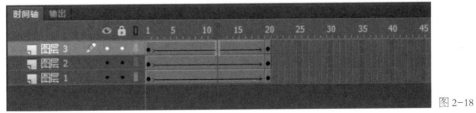

图2-18

此时，步骤 3 的动画，我们就已经完成了。（图 2-19）

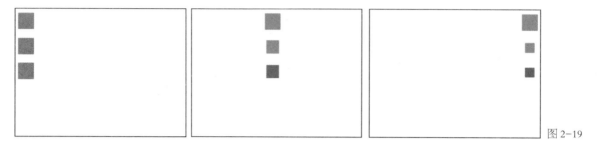

图 2-19

### 步骤四：制作矩形同时缩小、平移、变色和旋转的动画效果

第一步，同前几个步骤一样，在时间轴中新建一个图层，如图 2-20 所示。

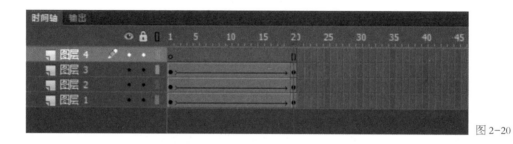

图 2-20

第二步，在图层 4 的第 1 帧中，拖入我们的图形元件，与前 3 个图层中的 3 个正方形平行，如图 2-21 所示。

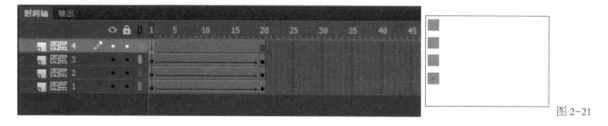

图 2-21

第三步，在图层 4 的第 20 帧，添加一个关键帧（F6），将第 20 帧的图形元件平移到与图层 3 第 20 帧的图形平行，如图 2-22 所示。

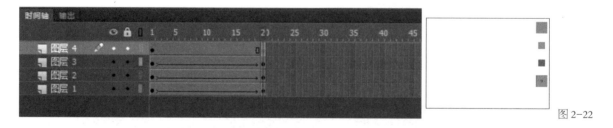

图 2-22

第四步，将时间轴图层 4 中的第 20 帧图形，缩放 60%，并同时调整色调与步骤三图形色调相同。

第五步，在时间轴图层 4 中的第 1 帧至第 20 帧中，选中任意一帧，击右键，创建传统补间动画，并在属性中的补间选项中选中旋转（顺时针），如图 2-23 所示。

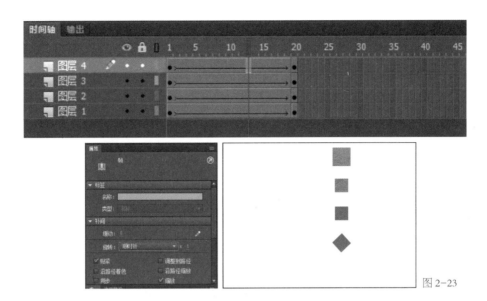

图 2-23

此时，步骤四的动画，我们就已经完成了。（图 2-24）

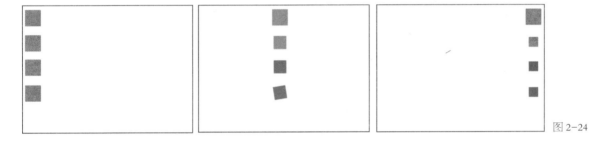

图 2-24

### 步骤五： 制作矩形同时缩小、平移、变色和变形的动画效果

第一步，在时间轴图层上新建一个图层，与前四个步骤相同，将图形元件拖入图层 5 的第 1 帧，如图 2-25 所示。

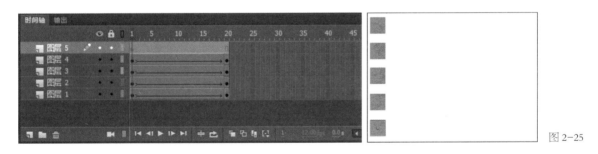

图 2-25

第二步，在图层 5 中的第 20 帧，添加一个空白关键帧，选中此空白关键帧，在场景中绘制一个圆形，如图 2-26 所示。

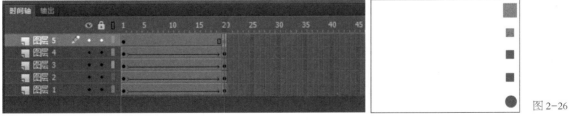

图 2-26

我们需要注意的是，此时我们绘制的圆形是分离状态的。(形状变形动画的关键帧，必须都是分离状态的)

第三步，选中图层 5 第 1 帧的图形，此时第 1 帧的图形是组合状态的，我们要将它打散（Crtl+B），如图 2-27 所示。

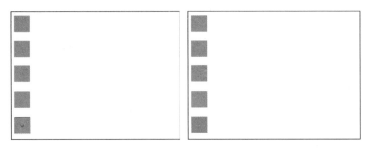

第四步，在图层 5 的第 1 帧至第 20 帧中，任意选中一帧，击右键，选中创建补间形状动画，如图 2-28 所示。

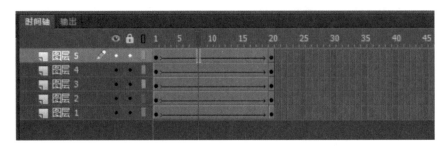

图 2-28

此时，我们步骤五的动画，就已经完成了。（图 2-29）

图 2-29

## 第三章　实例 —— 水滴

### 步骤一：前期准备工作

第一步，新建文件（Ctrl+N）。类型为 AS3.0；参数为 550×400。将背景色设为蓝色。（图 3-1）

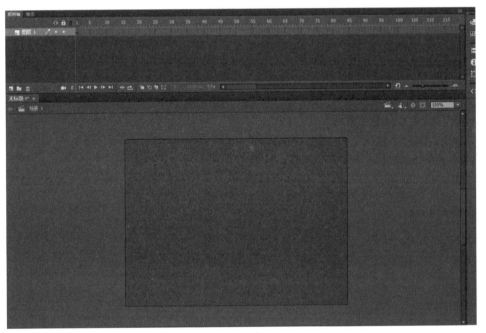

图 3-1

第二步：保存文件（Ctrl+S）。一开始就要做好保存的工作，在以后的操作中要习惯保存的动作。这样可以避免文件意外丢失。

### 步骤二：制作水圈图形元件

第一步，新建图形元件 1（Crtl+F8）。（图 3-2）

图 3-2

第二步，选择椭圆工具，并在填充和笔触面板中，笔触选择无、填充选择渐变色，以及在填充色面板中，将填充色调整为如图 3-3 所示。

图 3-3

第三步，在图形元件中，绘制一个圆形，并对齐（Ctrl+K）舞台，再组合（Crtl+G）。（图 3-4）

小技巧：按住 Shift 可绘制正圆。

图 3-4

第四步，继续绘制一个圆形，需要比上一个圆形小 20%，组合（Crtl+G），并对齐（Ctrl+K）舞台。选中两个圆形，全部打散（Ctrl+B），再选中中间的小圆，删除。完成如图 3-5 所示。

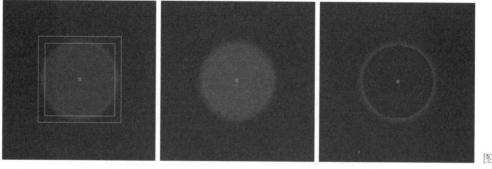

图 3-5

**步骤三：制作水滴图形元件**

第一步，新建一个图形元件 5（Crtl+F8），画一个正圆，填充和笔触设置如图 3-6 所示。

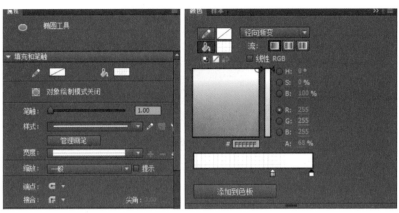

图 3-6

第二步，绘制正圆成功后，再用颜料桶工具，组合（Crtl+G），并对齐（Ctrl+K）舞台，成果如图 3-7 所示。

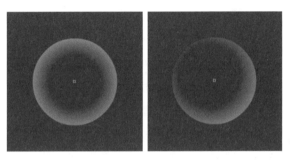

图 3-7

第三步，继续绘制一个小正圆，并将透明度调到 50%，再使用任意变形中的封套工具，将小正圆放入正圆中，并调整大小旋转，最后将其组合，并使用任意变形工具进行变形，如图 3-8 所示。

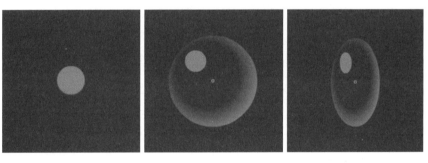

图 3-8

### 步骤四：制作水滴滴落效果

第一步，新建一个影片元件（Crtl+F8），将水滴的图形元件拖入第 1 帧，继续在第 15 帧插入关键帧，将第 15 帧的水滴往下方移动，得到水滴下落效。（图 3-9、图 3-10）

图 3-9

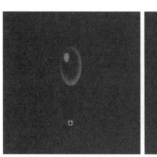  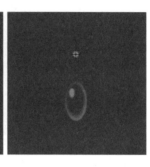

图 3-10

第二步，制作水滴滴落的缓动效果，选中补间动画中的一帧，在属性中的缓动中，将值调为 −100

第三步，在时间轴上新建一个图层，制作一个遮罩层，形成水滴下落到水圈中只有一半的效果。(图3-11)

选中第15帧，绘制一个椭圆

在第1帧到15帧的下落轨迹上，
绘制一个长方形

图 3-11

选中时间轴的第二层，击右键，添加遮罩层，完成如图 3-12 所示。

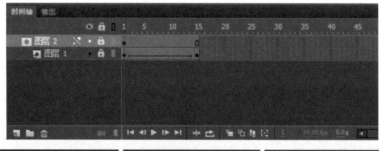

图 3-12

### 步骤五： 制作水圈动画效果

第一步，新建一个影片元件（Crtl+F8），将水圈的图形元件拖入第 1 帧，并对齐（Ctrl+K）舞台。

第二步，在第 10 帧添加一个关键帧，并在第 10 帧将水圈放大 200%（Ctrl+Alt+S）。再选中第 10 帧，

将色彩效果 Alpha 调为 0%。（图 3-13）

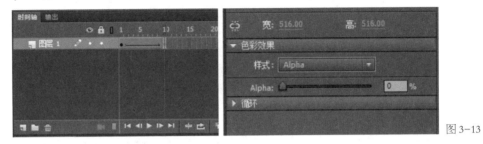

图 3-13

此时水圈效果为变大并渐隐，如图 3-14 所示。

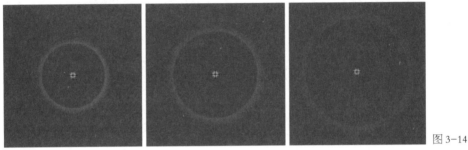

图 3-14

第三步，在时间轴上新建一个图层，选中图层 1 的 1—15 帧，击右键复制帧，粘贴在图层 2 的第 5 帧；如上所述，再增加一个图层，并在每一层的最后一个关键帧后添加一个空白关键帧，进行封帧，完成如图 3-15 所示。

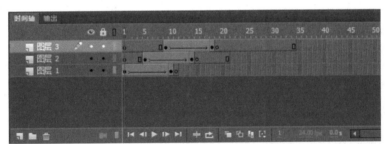

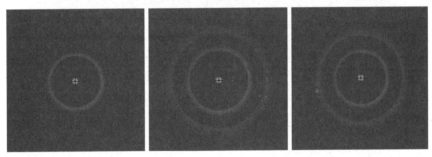

图 3-15

### 步骤六：制作水滴滴落到水圈的动画效果

第一步，选中水滴滴落动画效果的影片元件，在时间轴新建一个图层，在水滴滴落的最后一帧，在新建图层上将水圈动画效果的影片元件拖入，将水圈任意变形为与水滴契合的大小，最后在第 40 帧插入帧，如图 3-16 所示。

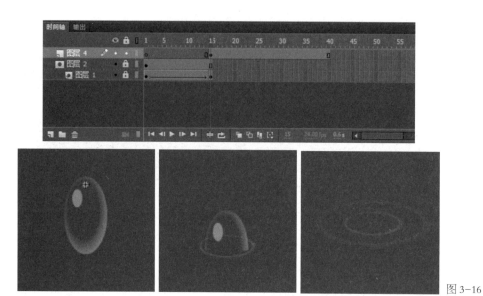

图 3-16

第二步，将水滴图形元件复制一个，并将长水滴变形为一个圆形水珠，放置备用。

第三步，选中水滴动画影片元件，在时间轴上新建一个图层，并在第 15 帧插入空白关键帧，将圆形水珠的元件拖入，隔 4 帧添加一个关键帧，制作出水滴滴落分溅的效果。（图 3-17）

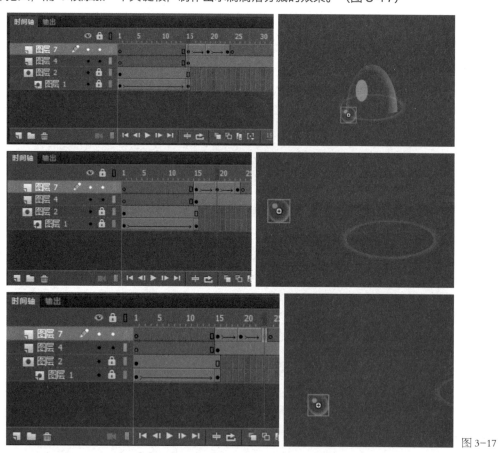

图 3-17

第三步，如上一步一样，依次建立水滴分溅效果（需要注意：水滴分溅到前面时，需要制作放大效果；水滴分溅到后面时，需要制作变小效果）。（图 3-18）

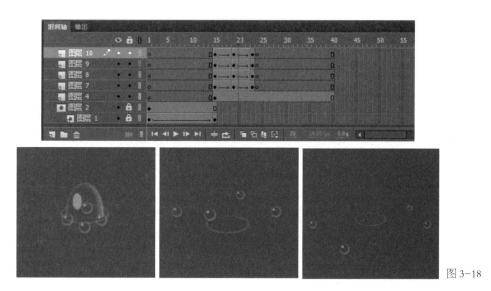

图 3-18

## 步骤七：制作水滴滴落的声音

第一步，导入我们下载的水滴声音，Crtl+R 导入舞台。（图 3-19）

图 3-19

第二步，选中时间轴的第三个图层，在属性中找到声音属性。选中我们导入的声音音效。（图 3-20）

图 3-20

此时，一个水滴滴入水中的动画效果和声音我们就已经完成了。

### 步骤八：制作多个水滴动画

第一步，将水滴影片元件放入场景中，此时动画效果如图 3-21 所示。

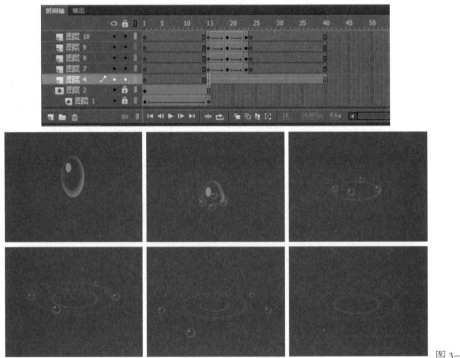

图 3-21

第二步，选中场景，在场景的时间轴第一层的第 40 帧插入帧。并添加一个图层，在图层 2 的第 10 帧添加一个空白关键帧，将水滴动画拖入，并调整位置、放大或缩小。同理可加入其他水滴，效果如图 3-22 所示。

图 3-22

### 步骤九：生成水滴动画

按住 Ctrl+Enter 键即可生成动画预览。（图 3-23）

图 3-23

# 第四章　实例 —— 引导动画

案例分析：本章通过制作引导动画，重点学习引导线这一动画工具。主要运用到的工具有铅笔工具、引导层等。

## 步骤一：新建文件（快捷键：Ctrl+N）

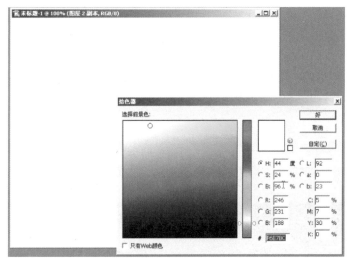

图 4-1

第一步，在 Photoshop 中打开准备的图片素材，使用拾色器工具选取前景色，得知色彩值为 F6E7BC。（图 4-1、图 4-2）

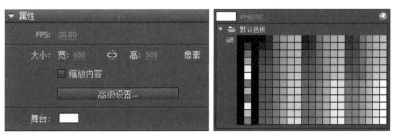

图 4-2

第二步，新建文件，参数：600×500，帧频为 30fps，色彩值为 F6E7BC 的 AS3.0 文件。

第三步，保存文件（Ctrl+S）。一开始就要做好保存的工作，在以后的操作中要习惯保存的动作，这样可以避免文件意外丢失。

### 步骤二：准备动画背景

第一步，选择文件—导入—导入库，将准备的图片素材导入库中。（图 4-3）

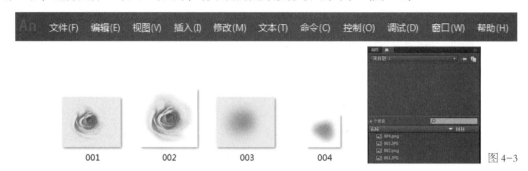

001 002 003 004

图 4-3

第二步，将图片 002 拖入舞台，调出对齐面板（快捷键：Ctrl+K），选择水平中齐、垂直中齐，调整到舞台中心。按 F8 将图片 002 转换为图形元件 1。（图 4-4）

图 4-4

第三步，在第 5 帧处插入空白关键帧，在第 40 帧处插入关键帧，并在第 6 帧处，将元件 1 按属性—色彩效果—样式—Alpha—0% 设置为透明，则背景动画有渐入的效果。（图 4-5）

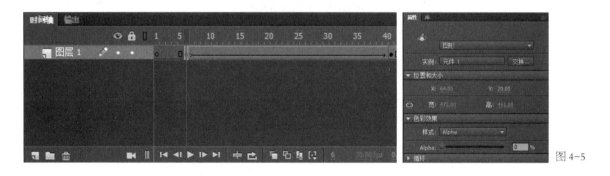

图 4-5

第四步，同时按住 Ctrl 和 Shift，选择第 41 帧到第 55 帧，按 F6 创建关键帧，在第 42 帧处选择删除关键帧，之后重复隔一帧删除关键帧，此操作可得到快速动画的闪现效果。（图 4-6、图 4-7）

图 4-6

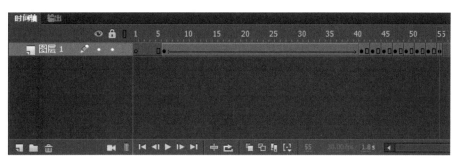

图 4-7

### 步骤三：制作引导元件

第一步，新建一个元件 2，选择该元件为图形元件（快捷键：Ctrl+F8）。

第二步，在 Photoshop 中打开准备的图片素材，使用拾色器工具选取前景色，得知色彩值为 FD7A31。选择椭圆工具 （快捷键：O），调整笔触颜色为无色 ，填充颜色为径向渐变 。（图 4-8）

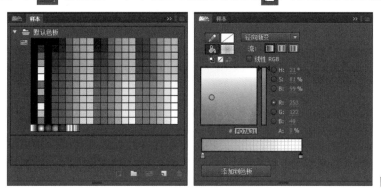

图 4-8

输入色彩值为 FD7A31，选择右侧按钮将 Alpha 值设置为 0% 透明 ，按住 Shift 绘制正圆，调出对齐面板（快捷键：Ctrl+K），分别选择水平中齐、垂直中齐，调整到舞台中心。

### 步骤四：制作引导动画

第一步，新建一个元件 3，选择该元件为影片剪辑元件（快捷键：Ctrl+F8）。（图 4-9）

图 4-9

第二步，将图片 002 拖入元件 3 中，调出对齐面板（快捷键：Ctrl+K），分别选择水平中齐、垂直中齐，调整到舞台中心，作为制作引导线轨迹的位置参考，并在图层 1 第 80 帧位置插入帧（快捷键：F5）。（图 4-10）

图 4-10

第三步，新建图层 2，在第 80 帧位置插入帧（快捷键：F5），将元件 2 拖入，放到合适的位置，并在第 35 帧位置插入关键帧（快捷键：F6）。（图 4-11）

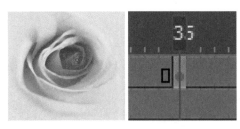

图 4-11

注意：图层 1 是图片 002 作为参考的图层，所以引导动画不能在图层 1 上制作。

第四步，右击图层 2，选择"传统运动引导层"。在引导层中，选择铅笔工具 ✐（快捷键：Shift+Y），并将铅笔模式由伸直 ↳改为平滑 S，绘制一条曲线。（图 4-12）

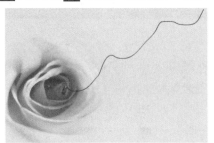

图 4-12

第五步，在图层 2 第 1 帧的位置调整元件 2 与引导线的起点重合。（图 4-13）

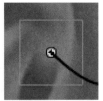

图 4-13

在第 35 帧的位置调整元件 2 与引导线的终点重合。（图 4-14）

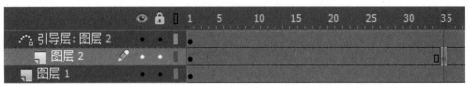

图 4-14

右击图层 2 第 1 帧到第 35 帧间任意一帧，选择创建传统补间。按 Enter 键预览，则元件 2 随着引导线运动。（图 4-15）

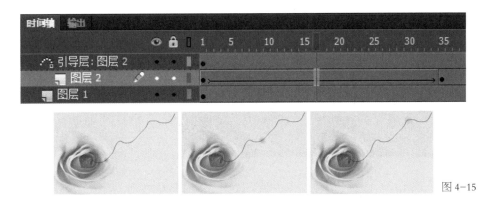

图 4-15

第六步，调整动画速度（注意：若生成引导动画速度过快，可将帧数增加到 60 帧），调整属性—补间—缓动，可将缓动设置为 40。（图 4-16）

图 4-16

选择第 60 帧，Ctrl+Alt+S 缩放和旋转，缩放值改为 200%，点击属性—色彩效果—样式—Alpha—0%，设置为透明。

完成后在图层 2 第 60 帧位置右击转换为空白关键帧（快捷键：F7）。（图 4-17）

图 4-17

参考本步骤，可制作轨迹不同，颜色、大小与速度不一的多个引导动画，如图 4-18 所示。

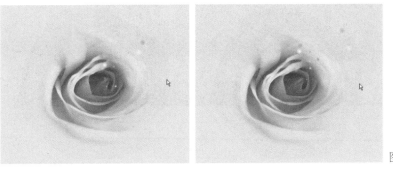

图 4-18

**步骤五： 制作花瓣飘落动画效果**

第一步，新建一个元件 4，选择该元件为图形元件（快捷键：Ctrl+F8）。将图片 004 拖入元件 4，调出对齐面板（快捷键：Ctrl+K），分别选择水平中齐、垂直中齐，调整到舞台中心。（图 4-19）

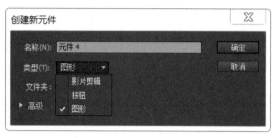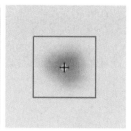

图 4-19

第二步，新建一个元件 5，选择该元件为影片剪辑元件（快捷键：Ctrl+F8）。将图片 002 拖入元件 4 中，调出对齐面板（快捷键：Ctrl+K），分别选择水平中齐、垂直中齐，调整到舞台中心，作为制作引导线轨迹的位置参考。（图 4-20）

图 4-20

第三步，在图层 1 第 150 帧位置插入帧（快捷键：F5），新建图层 2，在第 150 帧位置插入帧（快捷键：F5），将元件 4 拖入，放到合适的位置，并在第 80 帧位置插入关键帧（快捷键：F6）。（图 4-21）

图 4-21

第四步，右击图层 2，选择"传统运动引导层"。在引导层中，选择铅笔工具 （快捷键：Shift+Y），并将铅笔模式由伸直 改为平滑 ，绘制一条曲线。

第五步，在图层 2 第 1 帧的位置调整元件 4 与引导线的起点重合。（图 4-22）

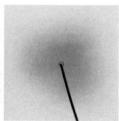

图 4-22

在第 80 帧的位置调整元件 4 与引导线的终点重合。（图 4-23）

图4-23

右击图层 2 第 1 帧到第 80 帧间任意一帧，选择创建传统补间。按 Enter 键预览，则元件 4 随着引导线运动。

第六步，选择图层 2 第 80 帧，使用快捷键 Ctrl+Alt+S 缩放和旋转，缩放值改为 200%，右击选择变形—任意变形，将元件 4 进行任意变形。

点击属性—色彩效果—样式—Alpha—0%，设置为透明；属性—补间—缓动，可将缓动设置为 40；属性—补间—逆时针—3 次。（图 4-24）

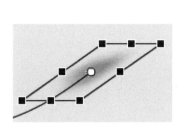

图4-24

参考本步骤，可制作轨迹不同，颜色、大小与速度不一的多个引导动画。（图 4-25）

图4-25

### 步骤六：制作光线动画效果

第一步，新建一个元件 6，选择该元件为图形元件（快捷键：Ctrl+F8）。

第二步，选择椭圆工具 （快捷键：O），调整笔触颜色为无色 ，填充颜色为径向渐变 。（图 4-26）

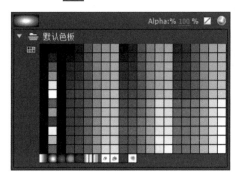

图4-26

调出对齐面板（快捷键：Ctrl+K），分别选择水平中齐、垂直中齐，调整到舞台中心，存储。（图 4-27）

图 4-27

第三步，新建图层 2，使用椭圆工具  （快捷键：O）绘制一个细长的椭圆，存储（快捷键：Ctrl+G）。Ctrl+C 拷贝，Ctrl+Shift+V 原地粘贴，Ctrl+Alt+S 缩放和旋转，旋转角度为 90 度。（图 4-28）

图 4-28

第四步，新建一个元件 7，选择该元件为影片剪辑元件（快捷键：Ctrl+F8）。将元件 6 拖入元件 7 中，调出对齐面板（快捷键：Ctrl+K），分别选择水平中齐、垂直中齐，调整到舞台中心。

在第 10 帧位置插入关键帧（快捷键：F6），并在第 10 帧位置将元件 6 进行缩放 80%（快捷键：Ctrl+Alt+S）。创建传统补间。

技巧：熟练运用缩放、旋转与任意变形等工具制作各种效果。（图 4-29、图 4-30）

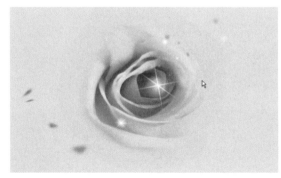

图 4-29

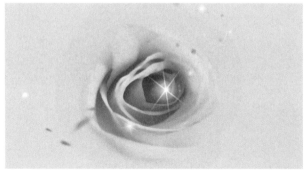

图 4-30

# 第五章　实例——时间指针

案例分析：本章通过制作时间指针，让初学者进一步熟悉并且更加了解 Flash 的工具和基本操作。主要运用到的工具有线条工具、椭圆工具等基础工具。

## 步骤一：前期准备工作

第一步，新建文件（快捷键：Ctrl+N），参数：400 × 300，帧频为 12fps 的 AS3.0 文件。（图 5-1）

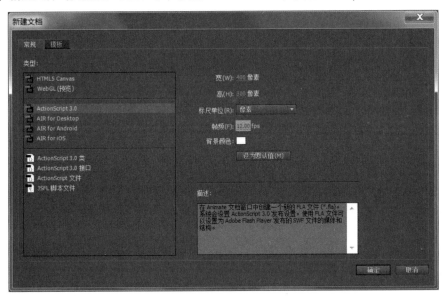

图 5-1

　　第二步，保存文件（Ctrl+S）。一开始就要做好保存的工作，在以后的操作中要习惯保存的动作，这样可以避免文件意外丢失。

## 步骤二：制作时间数字

第一步，调出库（快捷键：Ctrl+L），新建一个元件 2，选择该元件为图形元件（快捷键：Ctrl+F8）。

第二步，在工具栏中选择线条工具 ╱ （快捷键：N），颜色随机填充为红色，绘制直线。

技巧提示：选择线条工具（N），按住 Shift 绘制直线。使用选择工具选中线条 ▷ （快捷键：V），存储线条（Ctrl+G），调出对齐面板（Ctrl+K），分别选择水平中齐、垂直中齐，调整到舞台中心。

第三步，Ctrl+C 拷贝，Ctrl+Shift+V 原地粘贴，Ctrl+Alt+S 缩放和旋转，旋转角度为 30 度。（图 5-2）

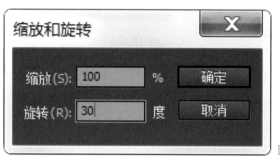

图 5-2

第四步，重复第三步步骤至完成表盘指针 6 条线，选择椭圆工具 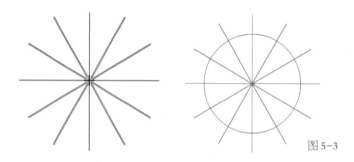（快捷键：O），按住 Shift 绘制正圆，调出对齐面板（快捷键：Ctrl+K），分别选择水平中齐、垂直中齐，调整到舞台中心。（图 5-3）

图 5-3

选择全部线条，打散（Ctrl+B），然后存储（Ctrl+G）。

第五步，界面左下角点击新建图层按钮 ，在图层 2 中选择文本工具 T （快捷键：T），依次输入罗马数字 I,II,III,IV,V,VI,VII,VII,IX,X,XI,XII 等 12 个数字，全部选择之后进行打散（快捷键：Ctrl+B），依次将 12 个数字按照第四步做好的线条进行排列、调整。（图 5-4）

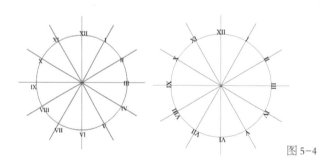

图 5-4

第六步，右击图层 2 选择剪切图层 (Ctrl+X)，新建图形元件（Ctrl+F8）。（图 5-5）

图 5-5

原地粘贴（快捷键：Ctrl+Shift+V），打散（快捷键：Ctrl+B），然后存储（快捷键：Ctrl+G）。

## 步骤三: 制作时间表盘

第一步，选择步骤一中的元件 1，进行操作（技巧提示：删除图层 2，养成清理的好习惯）。删除圆形，选择剩下的线条，Ctrl+C 拷贝，Ctrl+Shift+V 原地粘贴，Ctrl+Alt+S 缩放和旋转，旋转角度为 10 度。（图 5-6）

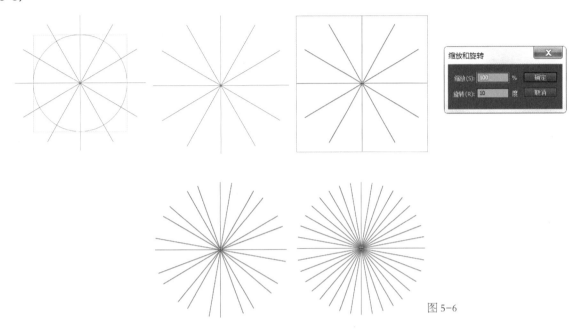

图 5-6

选择全部线条，打散（快捷键：Ctrl+B），然后存储（快捷键：Ctrl+G）。Ctrl+C 拷贝，Ctrl+Shift+V 原地粘贴，Ctrl+Alt+S 缩放和旋转，旋转角度为 5 度，存储（快捷键：Ctrl+G）。（图 5-7）

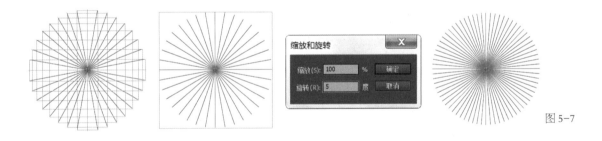

图 5-7

第二步，选择椭圆工具 （快捷键：O），调整笔触颜色为无色，随机填充颜色为蓝色。按住 Shift 绘制正圆，调出对齐面板（快捷键：Ctrl+K），分别选择水平中齐、垂直中齐，调整到舞台中心。（图 5-8）

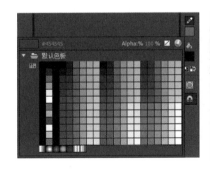
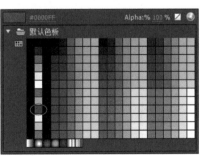

图 5-8

按住 Shift 绘制正圆，打散（快捷键：Ctrl+B），然后存储（快捷键：Ctrl+G）。（图 5-9）

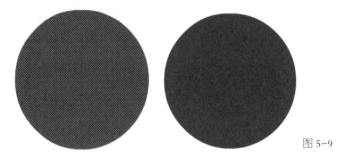

图 5-9

调出对齐面板（快捷键：Ctrl+K），分别选择水平中齐、垂直中齐，调整到舞台中心。全部选择，打散（快捷键：Ctrl+B），点击打散后的蓝色圆形部分，删除得到如图 5-10（d）所示效果，并进行存储（快捷键：Ctrl+G）。

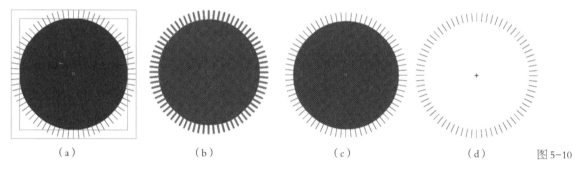

（a）　　　　　　　　（b）　　　　　　　　（c）　　　　　　　　（d）　　　图 5-10

**步骤四：制作数字旋转动画**

第一步，新建一个元件 3，选择该元件为影片剪辑元件（快捷键：Ctrl+F8）。（图 5-11）

图 5-11

第二步，将元件 2 拖入元件 3 中，调出对齐面板（快捷键：Ctrl+K），分别选择水平中齐、垂直中齐，调整到舞台中心。（图 5-12）

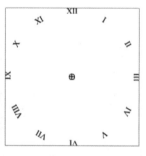

图 5-12

第三步，在图层1第60帧的位置右击选择插入关键帧（快捷键：F6）。（图5-13）

图5-13

右击60帧中任意一帧选择创建补间动画，此时生成动画没有变化。选择属性—旋转—顺时针，这样生成动画时便会旋转。（图5-14）

图5-14

注意：生成动画（快捷键：Ctrl+Enter）旋转时会发现动画在旋转中数字"XII"会停顿一帧，这是因为在第1帧和第60帧时数字"XII"有两帧。（图5-15）

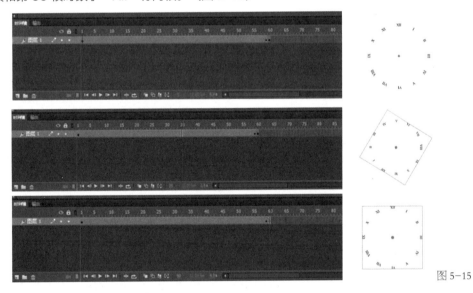

图5-15

解决办法：右击第59帧，选择插入关键帧（快捷键：F6），将第60帧删除（快捷键：Shift+F5）。这样数字"XII"便只有1帧了。（图5-16至图5-18）

图5-16

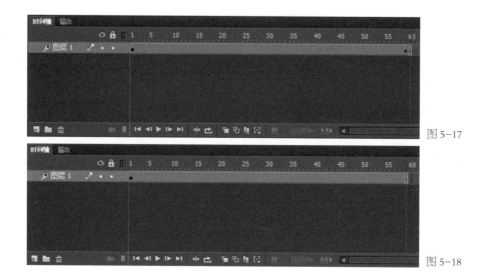

图 5-17

图 5-18

## 步骤五： 制作表盘指针旋转动画

第一步，新建一个元件 4，选择该元件为影片剪辑元件（快捷键：Ctrl+F8）。

第二步，将元件 1 拖入元件 4 中，调出对齐面板（快捷键：Ctrl+K），分别选择水平中齐、垂直中齐，调整到舞台中心。

第三步，在图层 1 第 150 帧的位置右击选择插入关键帧（快捷键：F6），右击选择创建补间动画，选择属性 - 旋转 - 顺时针，同样重复步骤四第三步的操作，在第 149 帧右击选择插入关键帧（快捷键：F6），将第 150 帧删除（快捷键：Shift+F5），以避免生成动画时出现有一帧停顿的现象。（图 5-19）

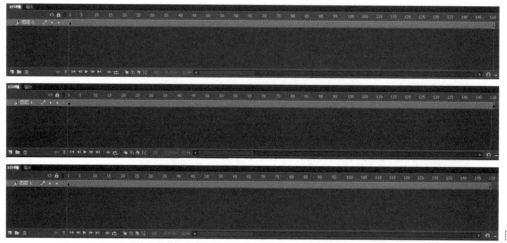

图 5-19

## 步骤六： 制作数字逆时针旋转动画

第一步，新建一个元件 5，选择该元件为影片剪辑元件（快捷键：Ctrl+F8）。将元件 3 拖入元件 5 中，调出对齐面板（快捷键：Ctrl+K），分别选择水平中齐、垂直中齐，调整到舞台中心。Ctrl+C 拷贝，Ctrl+Shift+V 原地粘贴，Ctrl+Alt+S 缩放和旋转，缩放为 80%。（图 5-20）

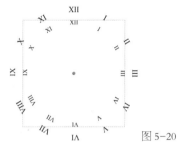

图 5-20

第二步，选中缩放为 80% 的数字，选择菜单栏中的修改（快捷键：M）—变形（快捷键：T）—水平翻转（快捷键：H）。（图 5-21）

图 5-21

第三步，回到舞台—场景 1 中，选择属性—交换—元件 5—确定，便将原舞台上的元件 3 交换为元件 5。（图 5-22）

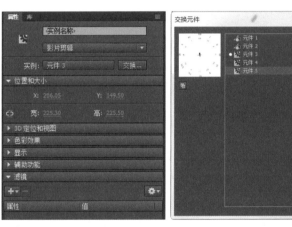
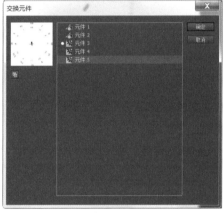

图 5-22

完成如图 5-23 所示的动画：

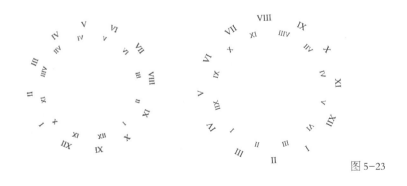

图 5-23

**步骤七： 制作数字与表盘动画**

第一步，新建一个元件 6，选择该元件为影片剪辑元件（快捷键：Ctrl+F8）。将元件 3 拖入元件 6 中，调出对齐面板（快捷键：Ctrl+K），分别选择水平中齐、垂直中齐，调整到舞台中心。选择菜单栏中的修改（快捷键：M）—变形（快捷键：T）—水平翻转（快捷键：H）。

第二步，将元件 4 拖入元件 6 中，为了颜色统一性将红色调整为黑色，属性—色彩效果—色调—黑色。

第三步，调出对齐面板（快捷键：Ctrl+K），分别选择水平中齐、垂直中齐，将元件 4 调整到舞台中心。（图 5-24）

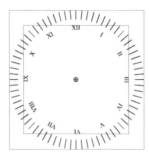

图 5-24

第四步，将元件 6 拖入舞台—场景 1 中。

完成如图 5-25 所示的动画。

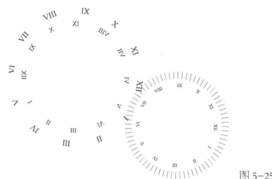

图 5-25

**步骤八： 制作分针指针动画**

第一步，新建一个元件 7，选择该元件为图形元件（快捷键：Ctrl+F8）。选择矩形工具 ▣ （快捷键：R），线条颜色 与填充颜色 均为黑色。

第二步，按住 Shift 绘制正方形，选中该正方形按 Ctrl+Alt+S 进行缩放和旋转，旋转角度为 45 度。（图 5-26）

图 5-26

第三步，使用部分选取工具（快捷键：A），点击正方形四角上某一角，删除便可得到一个三角形。（图 5-27）

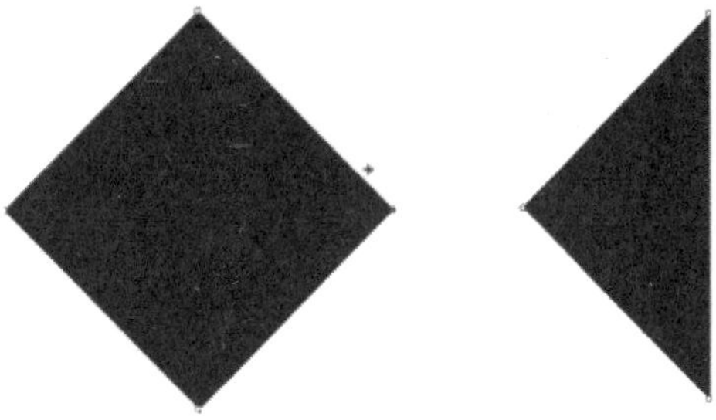

图 5-27

第四步，选中三角形按 Ctrl+Alt+S 进行缩放和旋转，旋转角度为 90 度。右击该图形选择变形（T）—任意变形（F），调整为等腰三角形。调出对齐面板（Ctrl+K），分别选择水平中齐、垂直中齐，调整到舞台中心，进行存储（Ctrl+G）。（图 5-28）

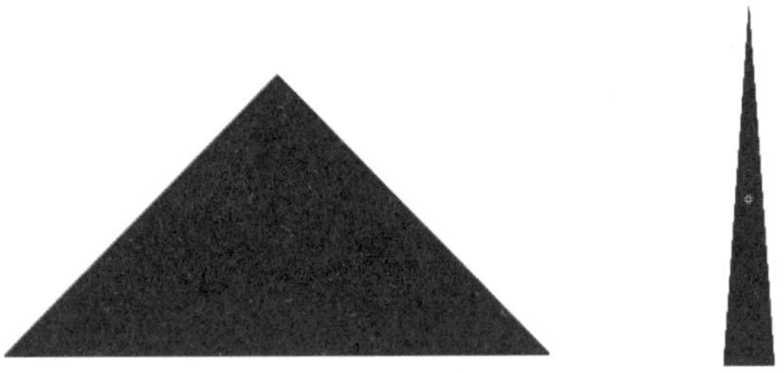

图 5-28

第五步，选择椭圆工具（快捷键：O），线条颜色为透明，填充颜色为黑色。绘制一个与第四步得到的等腰三角形基本宽度的椭圆，调出对齐面板（快捷键：Ctrl+K），选择水平中齐，调整到与等腰三角形中心水平同齐。（图 5-29）

图 5-29

然后进行上下调整得到分针指针，进行组合（Ctrl+G）。（图 5-30）

图 5-30

第六步，新建一个元件 8，选择该元件为影片剪辑元件（快捷键：Ctrl+F8）。

将元件 7 拖入元件 8 中，调出对齐面板（快捷键：Ctrl+K），分别选择水平中齐、垂直中齐，调整到舞台中心。选择任意变形工具 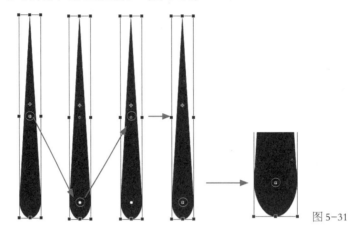（快捷键：Q），将指针中心拖动到下方，按住 Shift 键将指针整体向上调整，使下方的指针中心与舞台中心完全重合。（图 5-31）

图 5-31

在元件 8 图层 1 第 120 帧的位置右击选择插入关键帧（快捷键：F6），右击选择创建补间动画，选择属性—旋转—顺时针，同样重复步骤四第三步的操作，在第 119 帧右击选择插入关键帧（快捷键：F6），将第 120 帧删除（快捷键：Shift+F5），以避免生成动画时出现有一帧停顿的现象。

完成动画如图 5-32 所示：

图 5-32

### 步骤九：制作时针指针动画

第一步，复制粘贴元件 7，得到元件 7 拷贝，在元件 7 拷贝中选择分针指针，进行打散（快捷键：Ctrl+B），选中打散后的指针尖锐部分，删除得到时针指针如图 5-33（c）所示，并进行存储（快捷键：Ctrl+G）。调出对齐面板（快捷键：Ctrl+K），分别选择水平中齐、垂直中齐，调整到舞台中心。

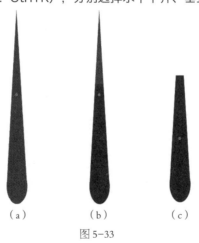

（a）　　　　　（b）　　　　　（c）

图 5-33

第二步，新建一个元件 9，选择该元件为影片剪辑元件（快捷键：Ctrl+F8）。

将元件 7 拷贝拖入元件 9 中，与步骤八第六步方法相同：调出对齐面板（快捷键：Ctrl+K），分别选择水平中齐、垂直中齐，调整到舞台中心。选择任意变形工具 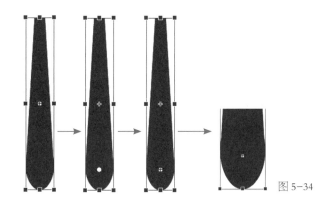（快捷键：Q），将指针中心拖动到下方，按住 Shift 键将指针整体向上调整，使下方的指针中心与舞台中心完全重合。（图 5-34）

图 5-34

在元件 9 图层 1 第 1400 帧的位置右击选择插入关键帧（快捷键：F6），右击选择创建补间动画，选择属性—旋转—顺时针，同样重复步骤四第三步的操作，在第 1399 帧右击选择插入关键帧（快捷键：F6），将第 1400 帧删除（快捷键：Shift+F5），以避免生成动画时出现有一帧停顿现象。

完成动画如图 5-35 所示。

图 5-35

**步骤十：组合分针指针与时针指针动画**

第一步，新建一个元件 10，选择该元件为影片剪辑元件（快捷键：Ctrl+F8）。

将元件 8 拖入元件 10 中。

第二步，在图层 1 中选择元件 8 分针指针，调出对齐面板（快捷键：Ctrl+K），选择水平中齐，按住 Shift 键与↑键将分针指针整体向上调整，使下方的指针中心与舞台中心完全重合。并在属性—色彩效果—色调中将分针指针调整为灰色。（图 5-36）

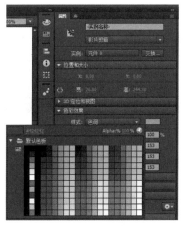
图 5-36

第三步，新建图层 2，将元件 9 拖入，调出对齐面板（快捷键：Ctrl+K），选择水平中齐，按住 Shift 键与 ↑ 键将时针指针整体向上调整，使下方的指针中心与舞台中心完全重合。（图 5-37）

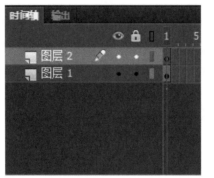

图 5-37

完成动画如图 5-38 所示。

图 5-38

### 步骤十一：制作荡锤动画

第一步，新建一个元件 11，选择该元件为图片元件（快捷键：Ctrl+F8）。

第二步，选择椭圆工具 （快捷键：O），调整笔触颜色为无色 ，填充颜色为径向渐变 。（图 5-39）

图 5-39

按住 Shift 绘制正圆，调出对齐面板（快捷键：Ctrl+K），分别选择水平中齐、垂直中齐，调整到舞台中心，进行存储（Ctrl+G）。

第三步，选择矩形工具 （快捷键：R），调整笔触颜色为无色 ，填充颜色为径向渐变 。（图 5-40）

图 5-40

按住Shift绘制正圆，调出对齐面板（快捷键：Ctrl+K），分别选择水平中齐、垂直中齐，调整到舞台中心。进行存储（Ctrl+G），并与第二步制作的图形进行组合，得到一个荡锤。（图 5-41）

图 5-41

第四步，新建一个元件12，选择该元件为影片剪辑元件（快捷键：Ctrl+F8）。将元件11拖入元件12中。调出对齐面板（快捷键：Ctrl+K），选择水平中齐，调整到舞台中心。选择任意变形工具 [图标]（快捷键：Q），将荡锤中心拖动到上方，按住 Shift 键将指针整体向上调整，使荡锤中心与舞台中心完全重合。（图 5-42）

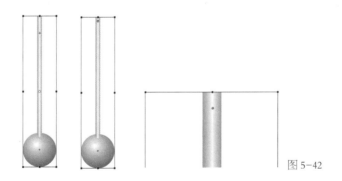
图 5-42

在第 10 帧与第 20 帧位置插入关键帧（快捷键：F6），分别创建传统补间。在第 1 帧与第 20 帧位置，按 Ctrl+Alt+S 进行缩放和旋转，旋转角度为 20 度。在第 10 帧位置按 Ctrl+Alt+S 进行缩放和旋转，旋转角度为 - 20 度。（图 5-43、图 5-44）

图 5-43

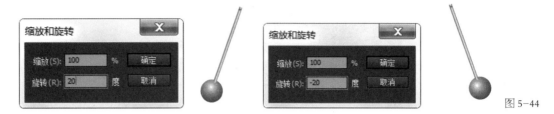

图 5-44

第五步，新建一个元件 13，选择该元件为影片剪辑元件（快捷键：Ctrl+F8）。

在图层 1 中，第 5 帧处插入帧（快捷键:F5），将元件 12 拖入元件 13 中。调出对齐面板（Ctrl+K），分别选择水平中齐、垂直中齐，调整到舞台中心。（图 5-45）

图 5-45

新建图层 2，第 1 帧为空帧。在图层 1 中选中该荡锤，Ctrl+C 拷贝，在图层 2 中，按住 Ctrl+Shift+V 原地粘贴。并选中该荡锤，打开属性面板，选择色彩效果，将透明度 Alpha 值调整为 80%。（图 5-46）

图 5-46

新建图层 3，前两帧为空帧，在图层 1 中选中该荡锤，Ctrl+C 拷贝，在图层 3 中，按住 Ctrl+Shift+V 原地粘贴。并选中该荡锤，打开属性面板，选择色彩效果，将透明度 Alpha 值调整为 60%。（图 5-47）

图 5-47

新建图层 4，前三帧为空帧，在图层 1 中选中该荡锤，Ctrl+C 拷贝，在图层 4 中，按住 Ctrl+Shift+V 原地粘贴。并选中该荡锤，打开属性面板，选择色彩效果，将透明度 Alpha 值调整为 40%。（图 5-48）

图 5-48

新建图层 5，前四帧为空帧，在图层 1 中选中该荡锤，Ctrl+C 拷贝，在图层 5 中，按住 Ctrl+Shift+V 原地粘贴。并选中该荡锤，打开属性面板，选择色彩效果，将透明度 Alpha 值调整为 20%。（图 5-49）

图 5-49

时间轴如图 5-50 所示。

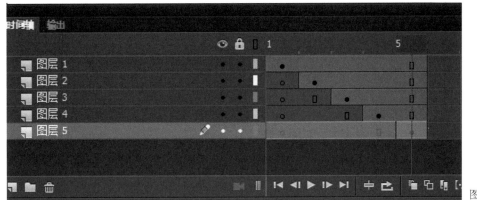

图 5-50

最后在图层 5 最后一帧处添加暂停指令。

选择窗口—动作（快捷键：F9），直接编辑代码 stop();

或者打开窗口—代码片段，选择 ActionScript—时间轴导航—在此帧处停止。（图 5-51）

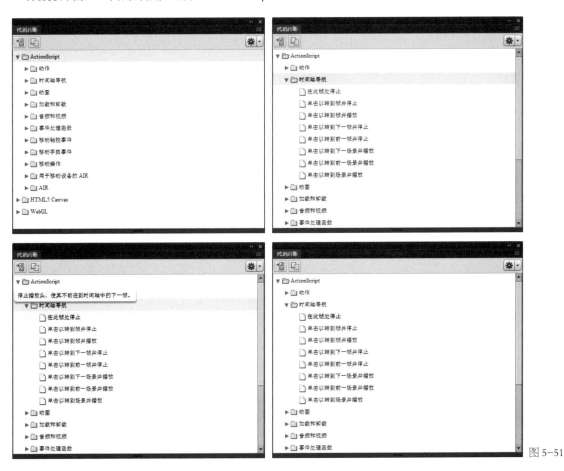

图 5-51

注意：文字部分为说明该代码作用，是否删除对指令效果并无影响。（图 5-52）

图 5-52

添加代码后图层样式如图 5-53 所示。

图 5-53

### 步骤十二：完成分指针动画

将制作完成的元件 5、元件 6、元件 10 和元件 13 拖入场景 1 中，调整元件之间的位置，生成动画（快捷键：Ctrl+Enter）。

完成动画如图 5-54 所示。

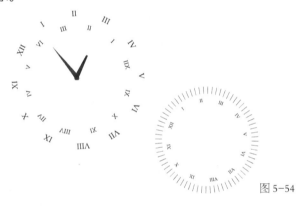

图 5-54

拓展：可在场景 1 中选中完整的指针动画元件 5 与元件 10 拷贝到新建影片剪辑元件 11 中，使用任意变形工具调整形状，再将调整好的元件 11 拖入场景 1 中，便可得到更丰富的动画效果。（图 5-55）

图 5-55

## 第六章　实例 —— 个性化鼠标

案例分析：本章通过制作个性化鼠标，让初学者进一步熟悉并且更加了解 Flash 的工具和基本操作。主要运用到的工具有线条工具、椭圆工具等基础工具。

### 步骤一：前期准备工作

第一步，新建文件（快捷键：Ctrl+N），参数：720 × 480，帧频为 25fps 的 AS3.0 文件。舞台背景更改为灰色。（图 6-1）

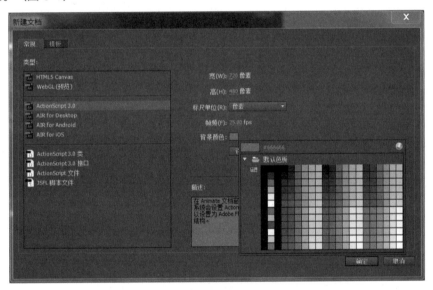

图 6-1

第二步，保存文件（Ctrl+S）。一开始就要做好保存的工作，在以后的操作中要习惯保存的动作，这样可以避免文件意外丢失。

### 步骤二：绘制鼠标

第一步：新建一个元件，选择该元件为影片剪辑元件（快捷键：Ctrl+F8）。（图 6-2）

图 6-2

第二步，选择线条工具 （快捷键：N）绘制一个形状。选择填充颜色为线性渐变 ，打开颜色面板调整为黄色，使用颜料桶工具 （快捷键：K）进行颜色填充。（图6-3）

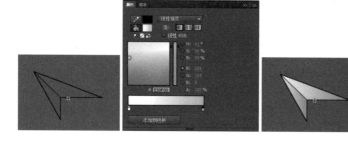

图6-3

选择渐变变形工具 （快捷键：F）对填充颜色进行调整，以得到更为个性化的渐变颜色。接着使用选择工具 （快捷键：V）双击绘制的鼠标的线条边缘，按 Delete 键删除。（图6-4）

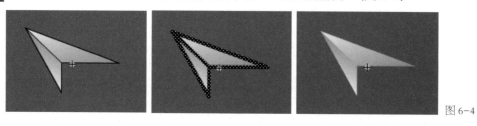

图6-4

第三步，全部选中绘制的鼠标图形，按 Ctrl+C 复制该选中图形。新建图层2，按 Ctrl+Shift+V 原地粘贴。在图层2中选择图形的一半进行新的颜色填充，另一半图形选择新的颜色填充（之后作为遮罩使用）。（图6-5）

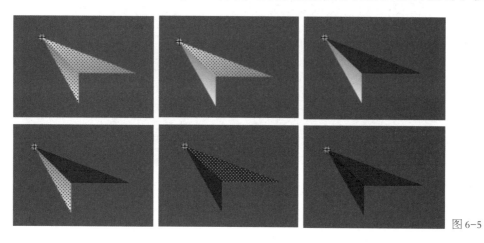

图6-5

新建图层3。选中图层2绘制的图形鼠标上方，使用 Ctrl+C 复制该选中图形，在图层3中，按 Ctrl+Shift+V 原地粘贴。（图6-6）

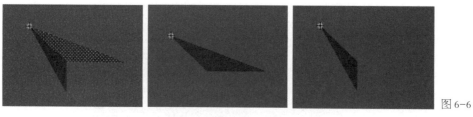

图6-6

新建图层 4，选中图层 1 绘制的图形鼠标上方，使用 Ctrl+C 复制该选中图形，在图层 4 中，按 Ctrl+Shift+V 原地粘贴。（图 6-7）

图 6-7

为了便于分辨每个图层，将图层 1 重命名为鼠标下方，将图层 4 重命名为鼠标上方。（图 6-8）

图 6-8

### 步骤三：制作鼠标流光效果

第一步，新建图层 5，选择矩形工具 （快捷键：R），调整笔触颜色为无色 ，随机填充颜色为线性渐变 。调整渐变色的两端为透明（Alpha 值为 0%），中间为白色，绘制一个矩形。使用组合键 Ctrl+G 进行存储，并按 F8 键将该图形转换为一个图形元件并命名为元件 1。（图 6-9）

图 6-9

第二步，点击最上面的图层 5 的第 25 帧位置，按住 Shift 键再点击最下面的"鼠标下方"图层，此时便可以快速选中全部图层的第 25 帧，右击插入帧（快捷键:F5）。（图 6-10）

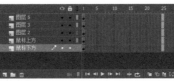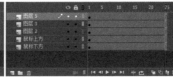

图 6-10

在图层 5 第 1 帧的位置选中第一步中绘制的矩形，选择任意变形工具（快捷键：Q），将矩形进行适度旋转，并移动到鼠标左上方位置。

点击图层 5 的第 9 帧，右击转换为关键帧（快捷键:F6），在第 9 帧的位置将矩形移动到鼠标的右下方位置。（图 6-11）

图 6-11

在第 1 帧到第 9 帧中间任意一帧右击创建传统补间。

第三步，在图层 5 第 15 帧处与第 25 帧处插入关键帧（快捷键：F6），点击第 25 帧选中矩形图形并移动到鼠标图形的左上方位置，在第 15 帧到第 25 帧中间任意一帧右击创建传统补间。（图 6-12）

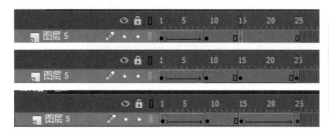

图 6-12

第四步，将图层 3 重命名为"上方遮罩图形"，图层 5 重命名为"过渡流光动画 1"，并将图层"上方遮罩图形"拖曳到图层"过渡流光动画 1"上方。右击将图层"上方遮罩图形"设置为遮罩层。（图 6-13）

图 6-13

按 Enter 键进行播放，便形成鼠标图形上的流光效果。（图 6-14）

图 6-14

第五步，新建图层 6 并命名为"过渡流光动画 2"，调出库（快捷键：Ctrl+L），将元件 1 拖入鼠标图形的左侧。在图层"过渡流光动画 2"第 7 帧处与第 17 帧处插入关键帧（快捷键：F6），点击第 17 帧选中矩形图形并移动到鼠标图形的右侧位置。（图 6-15）

图 6-15

在第 7 帧到第 17 帧中间任意一帧右击创建传统补间。（图 6-16）

图 6-16

将图层 2 重命名为"下方遮罩图形"，并将图层"下方遮罩图形"拖曳到图层"过渡流光动画 2"上方。右击将图层"下方遮罩图形"设置为遮罩层。（图 6-17）

图 6-17

按 Enter 键进行播放，便形成鼠标图形上横向的流光效果。（图 6-18）

图 6-18

### 步骤四：制作鼠标阴影效果

第一步，新建图形元件（快捷键：F8）并命名为"鼠标阴影"。（图 6-19）

图 6-19

第二步，同时选中元件"鼠标动画"中的图层"鼠标上方"和图层"鼠标下方"，使用快捷键 Ctrl+C 进行复制，在图形元件 "鼠标阴影"按 Ctrl+Shift+V 进行原地粘贴。（图 6-20）

图 6-20

选中鼠标图形，调整笔触颜色为无色 ，随机填充颜色为黑色 。（图 6-21）

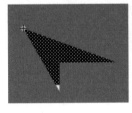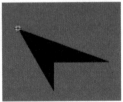

图 6-21

第三步，回到元件"鼠标动画"中，将图形元件"鼠标阴影"拖入，点击该元件打开属性，选择色彩效果—样式—Alpha，调整 Alpha 值为 30%。（图 6-22）

图 6-22

第四步，选中图形元件 "鼠标阴影"，进行任意变形，移动位置并调整旋转角度。（图 6-23）

图 6-23

### 步骤五: 输入鼠标代码

第一步，回到场景 1，将元件"鼠标动画"拖入，并使用组合键 Ctrl+Alt+S 进行缩放和旋转，缩放为 20%。尽量缩放到与电脑系统自带鼠标大小一致。（图 6-24）

图 6-24

选择影片剪辑元件"鼠标动画"打开属性，实例名称输入为"shubiao"。（图 6-25）

图 6-25

第二步，新建图层 2 并命名为"代码层"，选择窗口—动作，编辑代码（快捷键：F9）。（图 6-26）

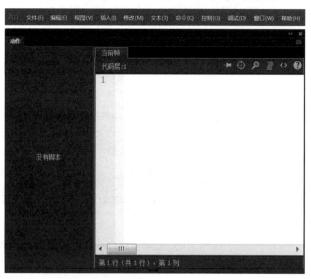

图 6-26

第三步，输入代码（图6-27）：

Mouse.hide();

stage.addEventListener(MouseEvent.MOUSE_MOVE, moveThatMouse);

function moveThatMouse(evt: MouseEvent): void {

    shubiao.x = stage.mouseX;

    shubiao.y = stage.mouseY;

    evt.updateAfterEvent();

}

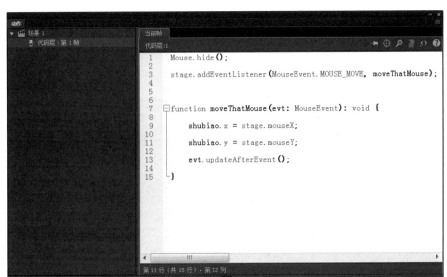

图6-27

Mouse.hide(); 为 隐 藏 鼠 标 指 令，stage.addEventListener(MouseEvent.MOUSE_MOVE, moveThatMouse); 为载入动画鼠标指令，shubiao.x = stage.mouseX; shubiao.y = stage.mouseY; 为 X 轴 Y 轴定位指令。

其中"shubiao"为实例名称，也是代码定位 X 轴 Y 轴的名称，所以实例名称即为代码中 X 轴 Y 轴前的名称，二者必须保持一致。

### 步骤六：生成个性化鼠标

按住 Ctrl+Enter 键即可生成动画预览。（图6-28）

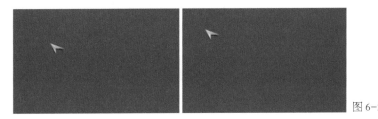

图6-28

# 7

## 第七章　实例——水倒影

### 步骤一：前期准备工作

第一步，新建文件（Ctrl+N），类型为 AS3.0。（图 7-1）

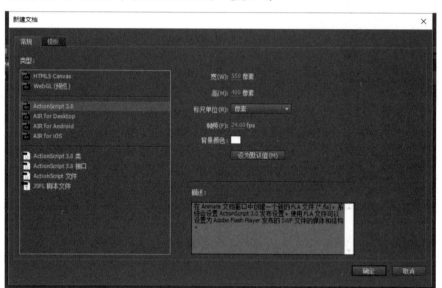

图 7-1

第二步，将准备好的水倒影素材导入库中，如图 7-2 所示。

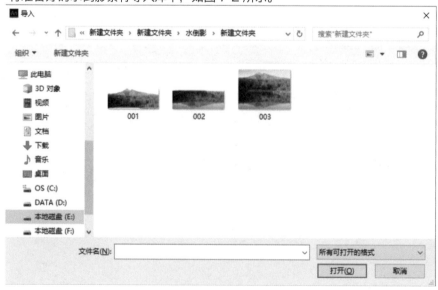

图 7-2

其中，003 为总图；001 是处理后的上方山峦图；002 是下方水中倒景图。

第三步，将 003 图放入场景中，此时，图片 003 的属性长宽为 797×599，场景的属性长宽为 550×400，如图 7-3 所示。

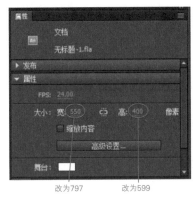

图 7-3

将场景的宽和高调整为 797×599，使图片与场景契合。

第四步，新建一个时间轴图层，将 001 图片放入场景中，并调整 001 的位置与 003 的山峦图位置契合。同理，新建一个时间轴图层，将 002 图片也放入场景中，位置与 003 的倒影契合。（图 7-4）

图 7-4

第五步，保存文件（Ctrl+S）。一开始就要做好保存的工作，在以后的操作中要习惯保存的动作，这样可以避免文件意外丢失。

### 步骤二：制作水波浪动画效果

第一步，在时间轴上新建一个图层，并在此图层上绘制多个规格不一的椭圆（需要注意每一个椭圆必须是独立的，不得黏合在一起）。（图 7-5）

图 7-5

　　第二步，新建一个图层，同上一步，绘制多个规格不一的椭圆（绘制时可将图层 3 的可视关闭以方便绘制），绘制完成后将此关键帧复制，到图层 3 的第 20 帧粘贴，创建形状补间动画。（图 7-6）

图 7-6

　　第三步，同上一步，绘制多个规格不一的椭圆，绘制完成后将此关键帧复制，粘贴至图层 3 的第 40 帧，创建形状补间动画。（图 7-7）

图 7-7

第四步，选中下方水倒影的图片层（图层3），将此帧复制，新建一个图层，粘贴帧到新建图层的第一帧，并将此图片放大102%（Crtl+Alt+S）（放大或缩小可自行调整，此为波纹的大小）。选中我们绘制的椭圆图层，击右键，设置为遮罩层。（图7-8）

图7-8

此时水波荡漾的动画我们就已经完成了。水波的荡漾形状可以通过椭圆来改变，波浪荡漾的波纹效果可以通过时间长短来改变。（图7-9）

图7-9

### 步骤三：制作天空云彩循环动画效果

第一步，新建一个影片元件（Crtl+F8），导入我们准备好的天空图片。

第二步，选中天空图片，F8转换为图形元件。（图7-10）

图7-10

第三步，将天空图形元件拖入影片元件，拖入两个图形元件，并将两个图形元件拼接起来，如图7-11所示。（需要注意：必须拼接到位，不可留有空隙）

图7-11

第四步，将两个拼接起来的天空组合（Crtl+G），如图7-12所示。

图7-12

第五步，将拼接起来的天空图形选中，F8转换为图形元件。此时图形元件3为两个图形元件2拼接组合的图形。

第六步，将图形元件 3 放入影片元件 1 中调整元件位置（Crtl+K）。

第七步，在时间轴图层上的第 80 帧，添加一个关键帧（F6），并平移第 80 帧上的元件，如图 7-13 所示。

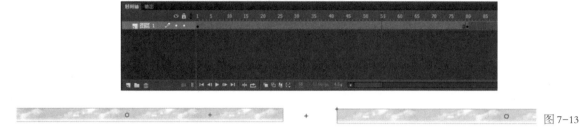

图 7-13

第八步，此时我们需要一个场景参照物，场景的长宽为 797×599，我们在时间轴图层上新建一个图层，绘制一个矩形，宽为 797，并对齐分布于舞台（Crtl+K），如图 7-14 所示。

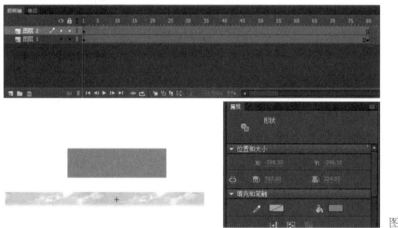

图 7-14

第九步，清除并删除时间轴图层 1 的第 80 帧，并添加帧（F5）到第 80 帧。并在图层 1 上，添加一个图层。选中图层 1 的第一帧复制（Crtl+C），在图层 1 的上一层图层的第 80 帧，添加一个空白关键帧（F7），在此空白关键帧上，原地粘贴（Crtl+Shift+V）。

第十步，将在第 80 帧粘贴的图形，平移位置，并将 Alpha 值调低，使微透明的天空在向右平移后也可以与图层 1 的天空云朵对位（这一步是用来对齐天空的位置使它做到循环），如图 7-15 所示。

图 7-15

此时，无论是将透明天空的图层可视性关闭还是开启，天空都是没有变化的。

第十一步，将透明天空的图形，恢复到不透明。剪切（Crtl+X），并在图层 1 的第 80 帧添加空白关键帧，将剪切的图形，粘贴到图层 1 的第 80 帧中。并将刚刚用来对位的图层删除，如图 7-16 所示。

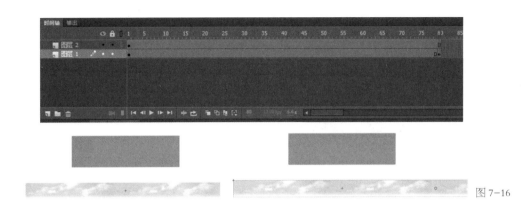

图 7-16

第十二步，在图层 1 上创建传统补间动画，此时得到的是向右飘移的天空（我们可通过添加帧来调整天空运动的速度，在这里，我添加了 200 帧）。再将我们用来对照的图层矩形对齐在中心，如图 7-17 所示。

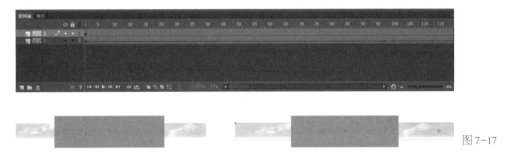

图 7-17

第十三步，选中场景，在场景中，我们新建一个图层，将天空的影片元件拖到新建图层上，并将我们用来对照的矩形与场景所对齐，得到如图 7-18 所示效果。

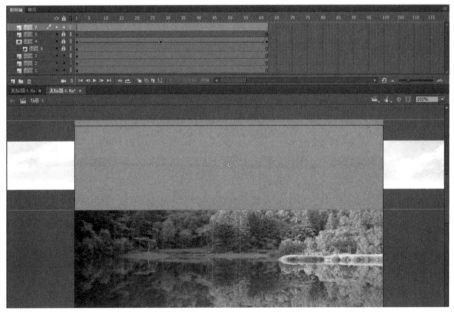

图 7-18

第十四步，将影片元件中用来对照的图层删除，在场景中，调整图层位置，将图层 7 放在图层 1 上，得到如图 7-19 所示的效果。

图 7-19

第十五步，调整图层 7 的高度，使图层 7 的天空高度，与场景中的天空一致。调整后，我们就得到一个水波在荡漾和天空中的云彩在飘动的动画了，如图 7-20 所示。

图 7-20

### 步骤四： 制作天空云彩倒映在水波上的循环动画效果

第一步，选中我们制作水波效果的遮罩层，选中它的所有帧，击右键复制帧，如图 7-21 所示。

图 7-21

第二步，新建一个影片元件，将复制的帧粘贴到影片元件中。

第三步，将第一步中我们选中的两个图层删除，并在同样的图层 3 上新建一个图层，将我们刚才新建的影片元件放入新建的图层上，并对齐位置。（位置决定于水波的大小）

第四步，新建一个图形元件，Crtl+R 导入山峦上方的图形，如图 7-22 所示。

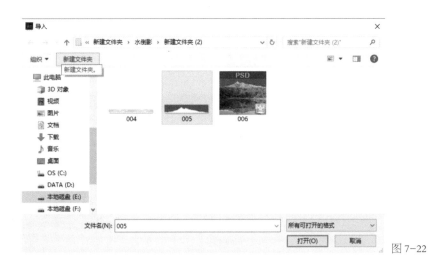

图 7-22

第五步，此时，我们导入的图形为位图，我们需要将它转换为矢量图（在菜单修改中），如图 7-23 所示。要将像素调到 1，使图片更加精细。对齐于舞台（Crtl+K）。

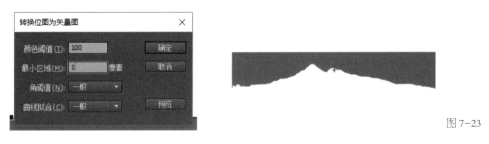

图 7-23

第六步，将其 Crtl+G 组合，并选中任意变形工具 ![icon]，选中图形，击右键垂直翻转，得到如图 7-24 所示的效果。

图 7-24

第七步，将此图形元件 5 拖入场景中，如图 7-25 所示。

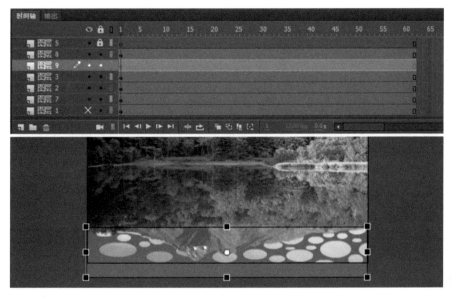

图 7-25

此时，必须将此图层与天空对齐。

第八步，选中天空图层，复制，并在图层 9 下，新建一个图层，原地粘贴天空图层（Crtl+Shift+V），并将粘贴的天空向下平移，与下方的天空对齐，如图 7-26 所示。

图 7-26

第九步，我们将下方天空的颜色改为偏绿的天空，因为下方的天空是在水的倒映下呈现的。所以我们将下方的天空色调调整为如图 7-27 所示效果。

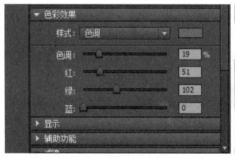

图 7-27

第十步，选中图层 9，击右键，设置为遮罩层。（图 7-28）

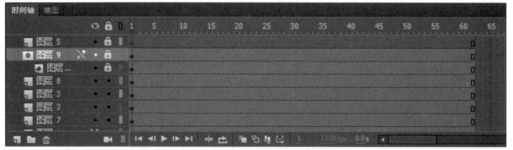

图 7-28

此时，动画如图 7-29 所示。

图 7-29

我们可以看到，虽然水中倒映的天空是飘动的，但倒映下的天空并没有随着水的荡漾而波动。所以我们需要进行下一步。

### 步骤五： 制作倒映天空随水波荡漾的动画效果

第一步，选中我们上一步所做的水倒映的图层，复制帧。Crtl+F8 新建影片元件。将我们复制的帧粘贴到新建的影片元件中，如图 7-30 所示。

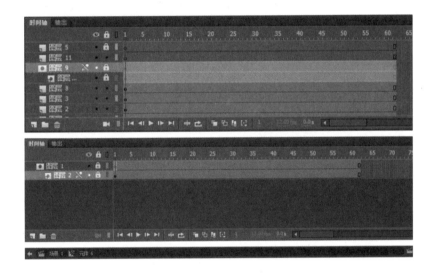

图 7-30

第二步，选中水波荡漾的影片元件（元件 4），选中我们制作的椭圆形状动画的图层，复制帧，如图 7-31 所示。

图 7-31

第三步，将我们复制的帧粘贴到元件 6 中，如图 7-32 所示。

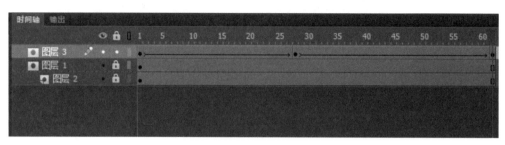

第四步，更改遮罩层，先将所有图层的遮罩关闭，将图层 3 上放在天空动画上，设置图层 3 为遮罩层，得到如下图。

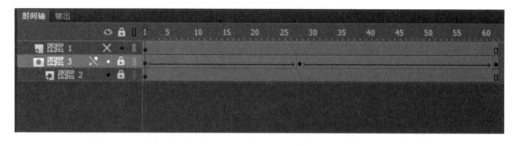

图层 1，此时只作为参照物。

第五步，新建一个影片元件 7（Crtl+F8），将影片元件 6 中的图层 1 复制，原地粘贴到元件 7 中（Crtl+Shift+V），在元件 7 的时间轴上新建一个图层，将元件 6 拖入，并对齐参照物，如图 7-34 所示。

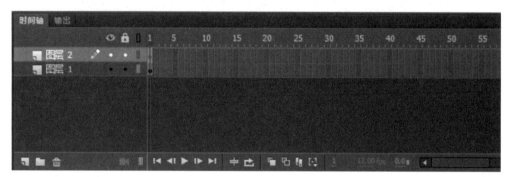

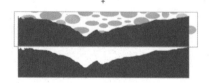 

对齐后，可将元件 6 中的参照物层删除。

第六步，将元件 7 中的参照物图层放置到第一层，并击右键，设置为遮罩层，如图 7-35 所示。（此时我们遮罩的是水波运动状态下的循环天空）

图 7-35

此时，我们再制作一个参照物，将图层 1 中的图形复制，在时间轴上新建一个图层 3，在图层 3 上原地粘贴（Crtl+Shift+V），如图 7-36 所示。

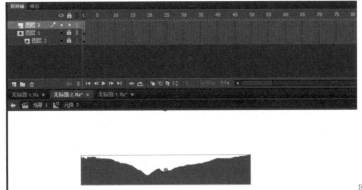

图 7-36

第七步，将元件 7 拖入场景中，放置在天空循环动画的上层，如图 7-37 所示。

图 7-37

将元件 7 中的对照物与图层 9 对齐。对齐后，在元件 7 中将参照物图层删除。

此时，生成动画，便得到我们的水倒影了，如图 7-38 所示。

图 7-38

需要注意：水中的天空荡漾的速度必须与天空飘动的速度相同。

第八章　实例——音乐按钮

**步骤一：前期准备工作**

第一步，新建文件（Ctrl+N）。类型为 AS3.0；参数为 550×400。（图 8-1）

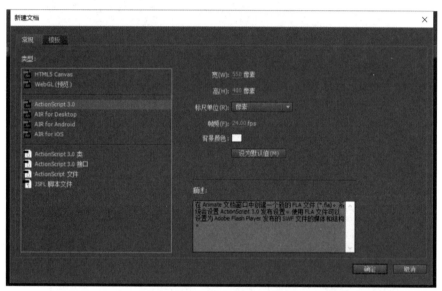

图 8-1

　　第二步，进入场景，我们在属性中将场景的宽高改为适应视频的大小。如图 8-2 所示，将 550×400
改为 1280×720。

图 8-2

　　第三步，保存文件（Ctrl+S）。一开始就要做好保存的工作，在以后的操作中要习惯保存的动作，这
样可以避免文件意外丢失。

**步骤二：绘制喇叭图形元件**

第一步，新建图形元件（Crtl+F8），如图 8-3 所示。

图 8-3

第二步，在图形元件场景中，选择矩形工具 ，在属性中填充调整为灰色 ，笔触调整为无笔触 ，在场景中绘制矩形，如图 8-4（a）所示。然后在属性中的矩形选项中调整边角半径，如图 8-4（b）所示。

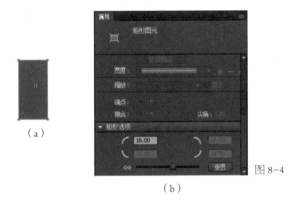

（a）

图 8-4

（b）

得到如图 8-5 所示的效果。

图 8-5

第二步，选择矩形工具 ，在刚才绘制的矩形右侧，继续绘制一个正方形（按住 Shift 绘制得到正方形），如图 8-6 所示。

图 8-6

选中部分选取工具 ，在正方形上选中右上方的角点，进行拖曳，过程如图 8-7 所示。

图 8-7

第三步，选中由正方形拖曳后变成的三角形，Crtl+Alt+S 旋转 45 度，如图 8-8 所示。

图 8-8

第四步，选中三角形的左角，删除，得到如图 8-9 所示的效果。拖曳三角形与矩形对齐。

图 8-9

第五步，选中所有绘制的图形，Crtl+G 组合，将其全部组合，再 Crtl+K 对齐于舞台中央，如图 8-10 所示。

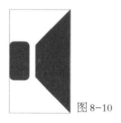

图 8-10

在对齐于舞台后，Crtl+B 将其全部打散，如图 8-11 所示。

图 8-11

第六步，将其颜色进行更改，选择颜料桶工具 ，在颜色面板中 更改其为渐变填充，且改为线性渐变，如图 8-12 所示。

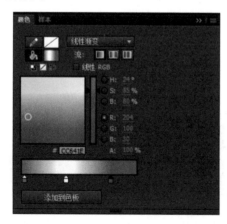

图 8-12

第七步，选择变形工具 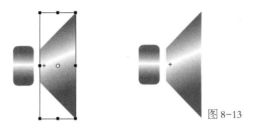 中的 渐变变形工具 (F)，将图形渐变调整为如图 8-13 所示效果。

图 8-13

第八步，可按自身感觉将图形形状大小进行微调，Crtl+Alt+S，这里调整为如图 8-14 所示效果。

图 8-14

第九步，将图形全部组合，Crtl+G 组合。并缩小 30%，Crtl+Alt+S 缩小。

### 步骤三：创建声波动画

第一步，新建一个影片剪辑元件（Crtl+F8），将其命名为声波动画，如图 8-15 所示。

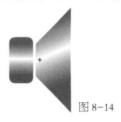

图 8-15

第二步，在声波动画场景中，选择椭圆工具 ，填充更改为无色，笔触更改为橘色与喇叭颜色相仿。

第三步，在声波动画场景中，绘制一个圆形，如图 8-16（a）所示。选中圆形，Crtl+G 组合，并将其对齐于舞台 Crtl+K，如图 8-16（b）所示。

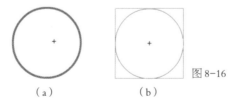

（a） （b）

图 8-16

第四步，选中圆形，Crtl+C 复制，Crtl+Shift+V 原地粘贴，Crtl+Shift+S 缩小 80%，得到如左下图；同理 Crtl+Shift+V 原地粘贴，Crtl+Shift+S 缩小 60%，得到如图 8-17（b）所示的效果。

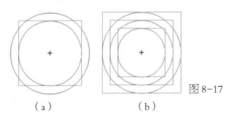

（a） （b）

图 8-17

第五步，选中所有圆形，Crtl+B 打散，再选中一部分圆形，删除，如图 8-18 所示。

图 8-18

第六步，在声波动画的时间轴上，在图层 1 的第 3 帧，添加一个关键帧（F6）；在第 5 帧上添加一个关键帧（F6）。

第七步，在声波动画的时间轴上的第 1 帧，将圆圈外围的两圈删除，在声波动画的时间轴上的第 3 帧，将圆圈外围的一圈删除，得到如图 8-19 所示的效果。

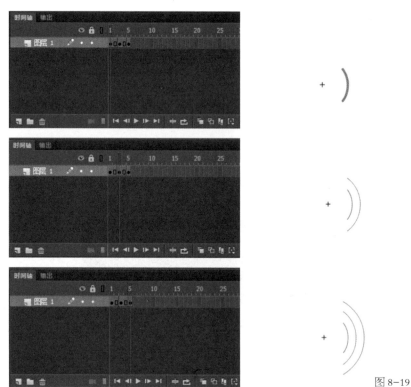

图 8-19

在第 6 帧添加一个帧（F5），此时动画如图 8-20 所示。

图 8-20

### 步骤四：生成喇叭播放动画

第一步，回到场景中，将元件 1 拖曳到场景中，并对齐于舞台（Crtl+K）。

第二步，在场景的时间轴上，新建一个图层，将声波动画拖曳到场景中，并将其调整到与喇叭合适的大小。

第三步，Ctrl+Enter 生成动画，得到动画如图 8-21 所示。

图 8-21

## 步骤五： 制作播放声音效果

第一步，在场景时间轴中新建一个图层。

第二步，在库中，选中元件 1，击右键，直接复制，并将其元件类型更改为按钮元件，如图 8-22 所示。

图 8-22

第三步，得到按钮元件，在按钮元件中，将其颜色更改为灰色。

第四步，回到场景中，在场景时间轴中新建一个图层，将按钮拖曳在场景中，并将其对齐，如图 8-23（a）所示。然后在其属性中，将其色彩效果 Alpha 值调整为 0，如图 8-23（b）所示。

（a）　　　（b）　图 8-23

第五步，在场景时间轴上新建一个图层，选中新建图层，Crtl+R 导入我们准备好的 MP3 文件，如图 8-24 所示。

图 8-24

选中后，此时我们可以看到在库中有一个声波的文件。(图 8-25)

图 8-25

第六步，在时间轴上继续新建一个图层，选中此图层的第 1 帧，F9 动作，打开动作面板后，点击代码片断（图 8-26），给一个停止的命令。

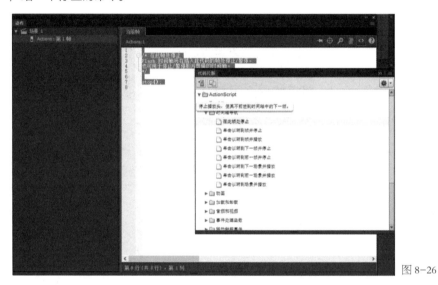

图 8-26

第七步，在时间轴的第 3 帧，选中所有第 3 帧，添加关键帧，如图 8-27 所示。

图 8-27

在时间轴的第 2 帧，选中所有第 2 帧，添加空白关键帧（F7），如图 8-28 所示。

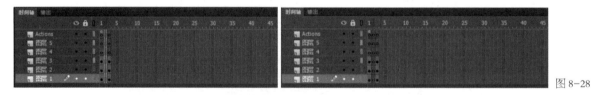

图 8-28

第八步，在图层 1 的第 3 帧，将喇叭的颜色更改为灰色，在色彩效果中的色调中调整颜色，如图 8-29 所示。

图 8-29

在图层 2 的第 3 帧，将声波动画删除。

在动作层的第 3 帧，添加动作，继续给一个停止的命令，如图 8-30 所示。

图 8-30

第九步，选中图层 3（按钮层），给第 1 帧的按钮一个实例名称，为 anniu1；给第 3 帧的按钮一个实例名称，为 anniu2。（图 8-31）

图 8-31

第十步，选中动作层中的第 1 帧，F9 添加动作，并打开代码片断，在代码片断中找到 [单击以转到帧并播放]，双击，得到如图 8-32 所示的代码。

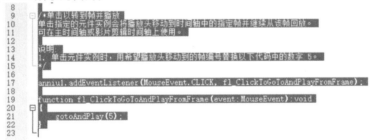

图 8-32

将第 21 行中的 gotoAndPlay(5) 改为 gotoAndPlay(3)，意为当鼠标单击 anniu1 时跳转到第 3 帧播放。

第十一步，选中按钮层的第 3 帧按钮，F9 动作，并打开代码片断，在代码片断中，找到 ▼[音频和视频]，并选中当中的 [单击以停止所有声音]，得到如图 8-33 所示的代码。

```
1      /* 在此帧处停止
2       Flash 时间轴将在插入此代码的帧处停止/暂停。
3       也可用于停止/暂停影片剪辑的时间轴。
4      */
5
6      stop();
7
8      /* 单击以停止所有声音
9       单击此元件实例会停止当前播放的所有声音。
10     */
11
12
13     anniu2.addEventListener(MouseEvent.CLICK, fl_ClickToStopAllSounds_7);
14
15     function fl_ClickToStopAllSounds_7(event:MouseEvent):void
16     {
17         SoundMixer.stopAll();
18     }
19
```

图 8-33

我们只需要留存第 17 行的代码 SoundMixer.stopAll()。

此时动作面板中的代码如图 8-34 所示。

图 8-34

此时声音动画在单击一次后，将会变为灰色喇叭并停止播放声音。

第十二步，选中按钮层中的第 3 帧按钮，F9 动作，并打开代码片断，找到 ▼ 🗁 时间轴导航 ，并选择
🗋 单击以转到帧并播放 ，得到如图 8-35 所示的代码。

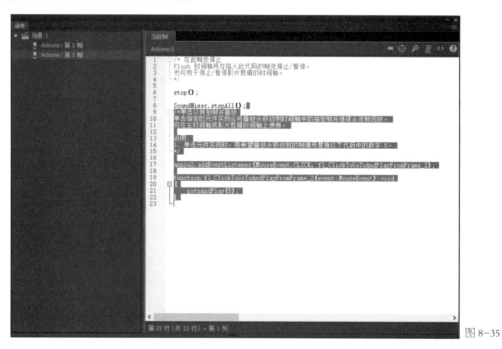

图 8-35

我们需要将第 21 行 gotoAndPlay(5) 更改为 gotoAndPlay(1)，意为当鼠标单击 anniu2 时跳转到第
1 帧播放。（图 8-36）

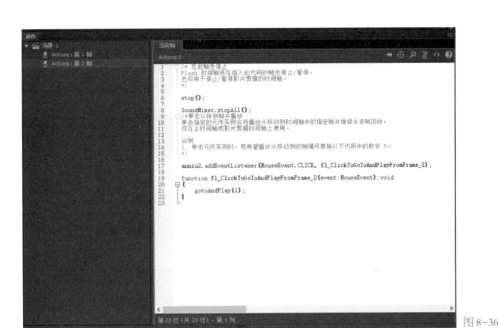

图 8-36

此时，我们的播放音乐按钮动画就已经完成了。

Crtl+Enter 生成动画，得到如图 8-37 所示的效果。

图 8-37

此时是在播放音乐的，当我们点击喇叭后，得到如图 8-38 所示的效果。

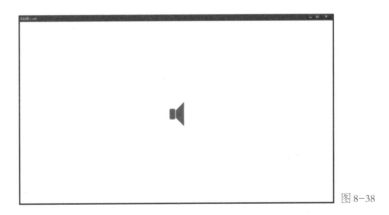

图 8-38

此时音乐便停止了，且在我们再次点击灰色喇叭后，音乐将从头开始播放。

# 第九章　实例——高级按钮

## 步骤一: 前期准备工作

第一步，新建文件（Ctrl+N）。类型为 AS3.0; 参数为 550×400。（图 9-1）

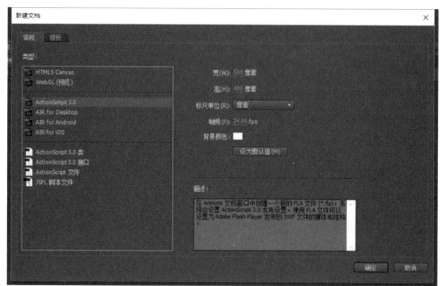

图 9-1

第二步，在属性中，将舞台颜色调为暗红色（在色板中任意选择）。（图 9-2）

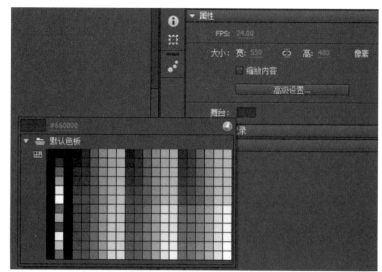

图 9-2

第三步，保存文件（Ctrl+S）。一开始就要做好保存的工作，在以后的操作中要习惯保存的动作，这样可以避免文件意外丢失。

### 步骤二：制作水圈

第一步，新建图形元件（Crtl+F8），将名称改为"水圈图形"。（图 9-3）

图 9-3

第二步，选择椭圆工具，并在填充和笔触面板中，笔触选择无、填充选择渐变色，如图 9-4 所示。

图 9-4

并在填充色面板中，将填充色调整为如图 9-5 所示。

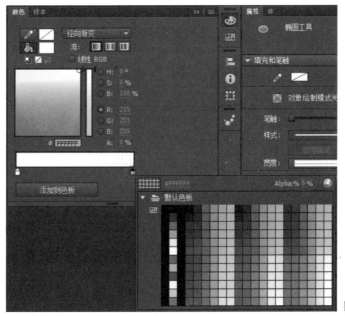

图 9-5

第三步，在图形元件中，绘制一个圆形，并对齐（Ctrl+K）舞台，再 Crtl+G 组合。

小技巧：按住 Shift 可绘制正圆。（图 9-6）

图 9-6

第四步，继续绘制一个圆形，需要比上一个圆形小 20%， Crtl+G 组合，并对齐（Ctrl+K）舞台。

第五步，选中两个圆形，全部打散（Ctrl+B），再选中中间的小圆，删除，完成如图 9-7 所示。

图 9-7

第六步，新建一个影片元件（Crtl+F8）水圈电影，将水圈图形拖入第 1 帧。

第七步，在第 15 帧插入关键帧（F6）。（图 9-8）

图 9-8

第八步，在第 15 帧的图形上，将水圈缩放 200%（Ctrl+Alt+S），并在属性中将色彩效果样式选为 Alpha 且调到 0%。（图 9-9）

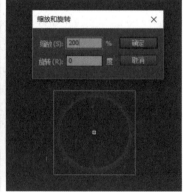

图 9-9

第九步，创建传统补间动画，形成一个由小到大渐隐的效果。（图9-10）

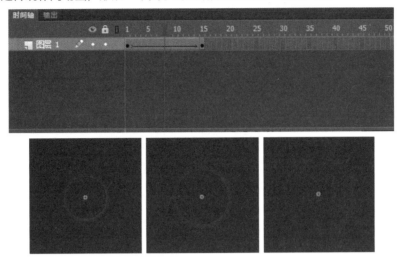

图 9-10

第十步，在时间轴中，新建一个图层，并复制图层 1 的 1—15 帧，粘贴在图层 2 的第 5 帧。如上所述，再增加一个图层，完成如图 9-11 所示。

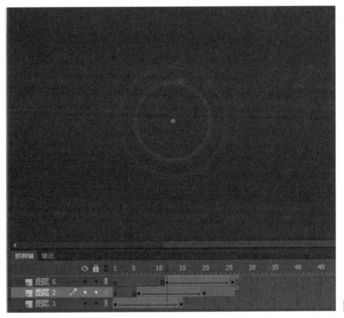

图 9-11

第十一步，继续在时间轴上新建一个图层，并在此图层的最后一帧上添加一个动作，Stop，如图9-12、图9-13所示。

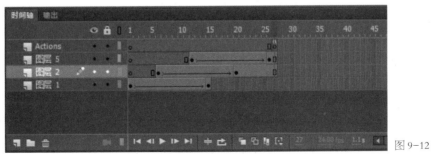

图 9-12

图 9-13

　　第十二步，新建一个影片动画，将其命名为"水圈影片动画 2"，将水圈电影这个影片元件拖入水圈
影片动画 2 中，放置备用。

### 步骤三：　制作按钮

　　第一步，Crtl+F8 新建一个按钮元件，将其命名为"按钮"。

　　第二步，选中椭圆工具 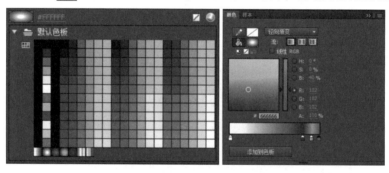，将填充色调为渐变，并在颜色色板中，将渐变色调整为如图 9-14 所示。

图 9-14

　　第三步，在舞台中，绘制一个圆形，将其组合（Crtl+G），并对齐（Ctrl+K）舞台，如图 9-15 所示。

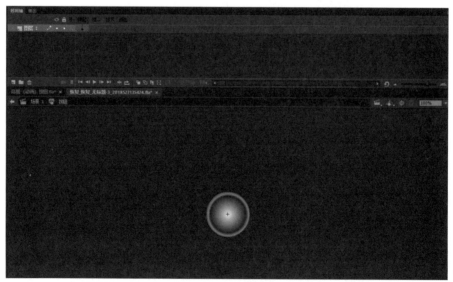

图 9-15

第四步，选中圆形，Crtl+C 复制，在时间轴上新建一个图层，并 Shift+Crtl+V 原地粘贴，Crtl+Alt+S 缩小 90%，如图 9-16 所示。

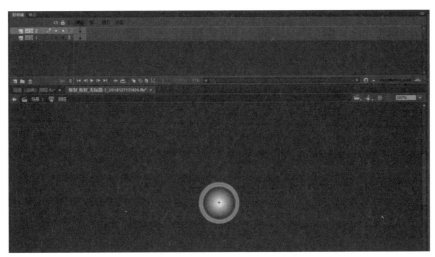

图 9-16

第五步，继续在时间轴上新建一个图层，在弹起帧上，选中文字工具 T，在圆形中央输入 Enter，如图 9-17 所示。

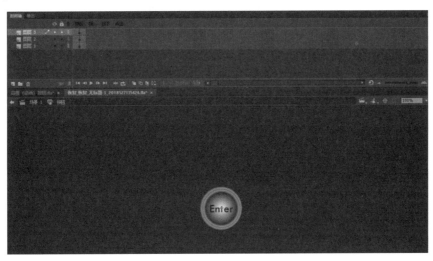

图 9-17

### 步骤四：制作水滴和光晕图形元件

第一步，新建一个图形元件（Crtl+F8），将其命名为"水滴"，画一个正圆，填充和笔触设置如图 9-18 所示。

图 9-18

绘制正圆成功后，再用颜料桶工具，Crtl+G 组合，并对齐（Ctrl+K）舞台。
成果如图 9-19 所示。

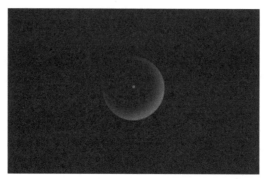

图 9-19

第二步，继续绘制一个小正圆，并将透明度调到 50%，再使用任意变形中的封套工具，将小正圆调整
为如图 9-20 所示。

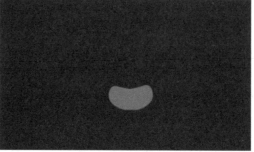

图 9-20

第三步，将上一步绘制的图形，放入正圆中，并调整大小旋转，完成如图 9-21 所示。

图 9-21

第四步，再绘制一个椭圆，将颜色调整为如图 9-22（a）所示，完成如图 9-22（b）所示。

（a）                                         （b）        图 9-22

将绘制的椭圆选中，转换为一个图形元件 F8，将其命名为"光晕"。

### 步骤五：光晕动画

第一步，新建一个影片元件（Crtl+F8），将其命名为"光晕动画"。

第二步，在第 1 帧将光晕图形元件拖入，并在第 10 帧添加一个关键帧，并将第 10 帧上的图形放大（Crtl+Alt+S）130%；在第 15 帧添加一个关键帧，并将第 15 帧上的图形缩小（Crtl+Alt+S）60%；在第 20 帧添加一个关键帧，并将第 20 帧上的图形放大（Crtl+Alt+S）200%，且将 Alpha 值调整到 0；在此四个关键帧中，击右键，创建传统补间动画。同理可以 30 后帧上添加光晕放大缩小动画，可按照自身感觉调整，如图 9-23 所示。

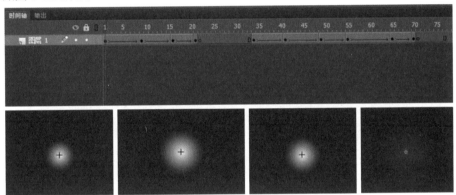

图 9-23

### 步骤六：制作水滴中的光线动画

第一步，新建一个图形元件（Crtl+F8），命名为"光线"。在元件中，绘制一个正圆，Crtl+G 组合，并对齐（Ctrl+K）舞台，完成如图 9-24（a）所示。再绘制一个其他颜色的正圆，用于分辨，Crtl+G 组合，完成如图 9-24（b）所示。

（a）　　　　　　　　　　（b）　　　图 9-24

选择全部图形，Ctrl+B 全部打散，再选中其他颜色的正圆，将其删除，如图 9-25（a）所示；继续使用任意变形工具，将其变形，再绘制一个小圆并变形，放在一端点，如图 9-25（b）所示。

（a）　　　　　　　　　　（b）　　　图 9-25

第二步，新建一个影片元件（Crtl+F8），命名为"光线动画"，将上一个图形元件放入第 1 帧，并将它任意变形，将图形的中心点对齐到场景的圆点中，如图 9-26 所示。

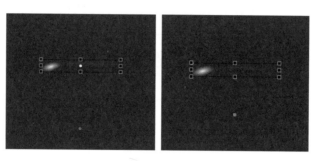

图 9-26

第三步，在第 45 帧，添加一个关键帧（F6），创建传统补间动画，并在属性的补间中旋转设置为逆时针方向。

小技巧（避免旋转的元件在旋转一周后中间出现卡顿）：在 44 帧添加关键帧（F6），再将 45 帧丢弃，并在属性的补间中旋转设置的逆时针后的 1 改为 0。（图 9-27）

此时的图形是围绕着场景的中心点在逆时针旋转的

图 9-27

第四步：新建一个影片元件（Crtl+F8），命名为"光线动画 1"，将上一个元件光线动画拖入第 1 帧，同样任意变形将元件光线动画的图形变形，并将其中心点对齐于场景中心点，在第 50 帧，添加一个关键帧（F6），创建传统补间动画，并在属性的补间中旋转设置为逆时针方向。需要注意，元件光线动画与元件光线动画 1 必须是有区别的。

小技巧（避免旋转的元件在旋转一周后中间出现卡顿）：在 44 帧添加关键帧（F6），再将 45 帧丢弃，并在属性的补间中旋转设置的逆时针后的 1 改为 0。

第五步，同第四步，新增"影片元件光线动画 2"。此时我们的光线动画有 3 个。

第六步，新建一个影片元件，命名为"光线动画总合"，在此元件的时间轴图层中，任意拖入光线动画1、2（但需要注意，时间轴一个图层只可有一个光线动画），并在第 40 帧上添加动作（F9）Stop，得到如图 9-28

所示的效果。

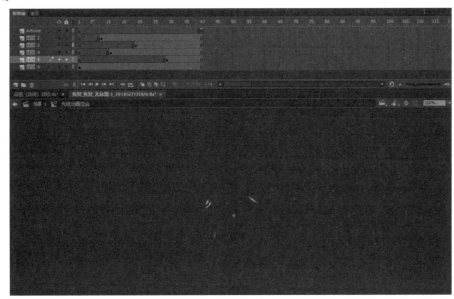

图 9-28

## 步骤七: 制作水滴光球动画

第一步,新建一个影片元件,将其命名为"光球动画"。

第二步,在时间轴图层1的第1帧中,拖入图形元件水滴,如图9-29所示。

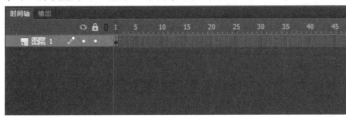

图 9-29

第三步,在时间轴上新建一个图层2,在图层2的第1帧中,拖入影片元件光线动画总合,得到如图9-30所示效果。

图 9-30

第四步,在时间轴上新建一个图层3,在图层3的第1帧中,拖入影片元件光晕动画,并将它对齐于舞台,得到如图9-31所示效果。

图 9-31

**步骤八：制作按钮动画**

第一步，新建一个影片元件，将其命名为"按钮经过离开动画"。

第二步，在时间轴图层 1 中，拖入按钮元件，得到如图 9-32 所示效果。

图 9-32

第三步，在时间轴图层上的第 2 帧添加一个关键帧，第 10 帧添加一个关键帧，其中，选中第 10 帧中的按钮图形，将其 Alpha 值调到 0。并在第 2 帧到第 10 帧中，选中任意一帧，击右键，创建传统补间动画。（图 9-33）

图 9-33

此时按钮动画如图 9-34 所示。

图 9-34

得到动画后，在时间轴图层 1 上的第 11 帧，添加一个关键帧，并将 11 帧上的按钮图形的 Alpha 值调到 100；在第 30 帧上，添加一个关键帧，得到如图 9-35 所示效果。

图 9-35

第四步，在时间轴中新建一个图层 2，在图层 2 的第 2 帧添加一个空白关键帧，选中第 2 帧的空白关键帧，将光球动画拖入，并将拖入的光球动画对齐到按钮，调整大小（Crtl+Shift+S）到与按钮相同。并同样在第 10 帧添加一个关键帧。将第 2 帧的光球动画元件的 Alpha 值调到 0，并在图层 2 上的第 2 帧到第 10 帧中，选择任意一帧，击右键，创建传统补间动画，得到如图 9-36 所示的效果。

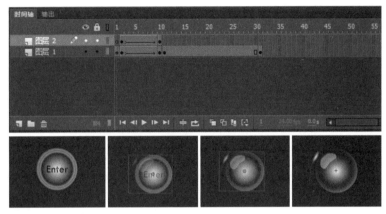

图 9-36

可以看到此时的动画是在渐隐的同时，水滴在从透明变为实体。

第五步，在时间轴图层 2 的第 11 帧添加一个空白关键帧（F7），选中第 11 帧，将影片元件水圈电影动画 2，拖入第 11 帧，并将第 11 帧中的水圈电影动画调整大小（Crtl+Shift+S），得到如图 9-37 所示的效果。

图 9-37

动画如图 9-38 所示。

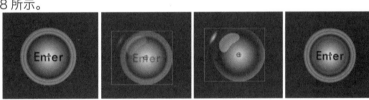

图 9-38

第六步，选中时间轴的第 1 帧，F9 动作添加一个 Stop，如图 9-39 所示。

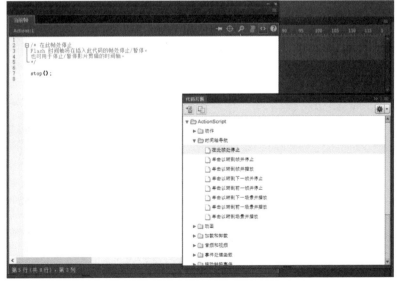

图 9-39

此时，可以看到时间轴面板上，多了一个命令层，如图 9-40 所示。

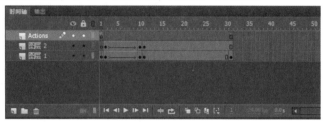

图 9-40

第七步，在时间轴的命令图层中，选中第 2 帧，添加一个空白关键帧，并给第 2 帧的空白关键帧一个帧标签，名称为 bq001，如图 9-41 所示。

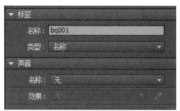

图 9-41

第八步，在第 10 帧，F7 添加空白关键帧，并在此空白关键帧中，F9 添加动作 Stop，如图 9-42 所示。

图 9-42

第九步，在第 11 帧，同第七步，添加一个空白关键帧，并给它一个帧标签，名称为 bq002，如图 9-43 所示。

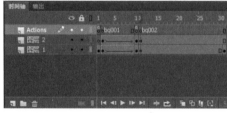

图 9-43

### 步骤九：制作高级按钮触碰效果

第一步，回到场景中，将影片元件"按钮经过离开动画"拖入场景中，并将其对齐舞台中央（Crtl+K），并可按照场景大小，调整元件大小（Crtl+Alt+S）。（图 9-44）

图 9-44

第二步，在场景中，点击按钮，在属性面板中，给它一个实例名称，名称为 dh1，如图 9-45 所示。

图 9-45

第三步，在场景时间轴中，新建一个图层，将其命名为按钮层，将图层 1 中的按钮 Crtl+C 复制，并原地粘贴到按钮层的第 1 帧中。选中按钮层的按钮，将它的色彩效果 Alpha 值调整为 0。并在属性面板中，给它一个实例名称，名称为 anniu1；并将它的属性改为按钮，如图 9-46 所示。（图 9-46 中将图层 1 的可视性关闭，方便观察效果）

图 9-46

此时，图层 1 的动画实例名称为 dh1( 动画 1)，图层 2 的按钮实例名称为 anniu1（按钮 1）。

## 步骤十：　制作高级按钮触碰效果（添加动作）

第一步：选中我们按钮层中的按钮，F9 添加动作，如图 9-47 所示。

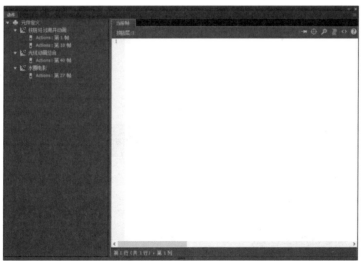

图 9-47

第二步，在动作面板中，粘贴命令（图 9-48）：

```
aa.addEventListener(MouseEvent.MOUSE_OVER, over);
function over(event: MouseEvent): void {
    blue.gotoAndPlay("bq001");
```

```
}
aa.addEventListener(MouseEvent.MOUSE_OUT, out);
function out(event: MouseEvent): void {
    blue.gotoAndPlay("bq002");
```

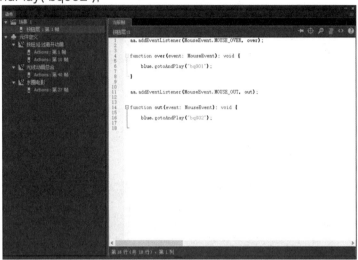

图 9-48

第三步，可以看到命令的第 1 排中的 aa，aa 为按钮的名称，所以我们要将 aa 更改为 anniu1；MOUSE_OVER 代表的是鼠标划过。

第四步，可以看到命令的第 6 排中的 blue，blue 为动画的实例名称，所以我们要将 blue 更改为 dh1；gotoAndPlay 代表的是跳转到。此时是跳转到 bq001 这个帧标签的。（在前面的步骤中我们是添加过这个帧标签的）

第五步，在命令的第 11 排中的 aa，同第三步，为按钮的名称，同样我们要将 aa 更改为 anniu1；MOUSE_OUT 代表的是鼠标离开。

第六步，在命令的第 16 排中的 blue，同第四步，为动画的实例名称，同样我们要将 blue 更改为 dh1；gotoAndPlay 代表的是跳转到。此时是跳转到 bq002 这个帧标签的。（在前面的步骤中我们是添加过这个帧标签的）

得到如图 9-49 所示的效果。

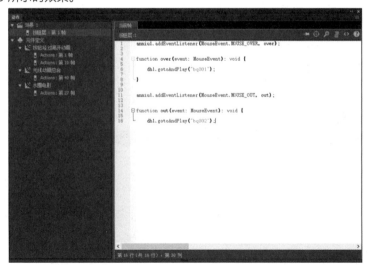

图 9-49

第七步，回到场景中，Crtl+Enter 生成动画，如图 9-50 所示。

图 9-50

在鼠标经过按钮时，如图 9-51 所示。

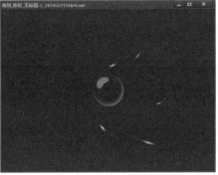

图 9-51

在鼠标离开按钮时，如图 9-52 所示。

图 9-52

### 步骤十一：添加多个高级按钮

第一步，在场景中，选中图层 1 中的元件 Ctrl+C 复制，Crtl+V 粘贴，将粘贴的元件下移一段距离；并将其缩小 80%（Crtl+Alt+S），将其实例名称更改为 dh2。

第二步，同第一步，在场景中，选中图层 2 中的元件 Ctrl+C 复制，Crtl+V 粘贴，将粘贴的元件下移一段距离；并将其缩小 80%（Crtl+Alt+S），将其实例名称更改为 anniu2。

第三步，同第一步、第二步，可添加 dh3、dh4、anniu3、anniu4。

第四步，添加命令：

anniu1.addEventListener(MouseEvent.MOUSE_OVER, over);

```
function over(event: MouseEvent): void {
    dh1.gotoAndPlay("bq001");
}
anniu1.addEventListener(MouseEvent.MOUSE_OUT, out);
function out(event: MouseEvent): void {
    dh1.gotoAndPlay("bq002");
}
anniu2.addEventListener(MouseEvent.MOUSE_OVER, over2);
function over2(event: MouseEvent): void {
    dh2.gotoAndPlay("bq001");
}
anniu2.addEventListener(MouseEvent.MOUSE_OUT, out2);
function out2(event: MouseEvent): void {
    dh2.gotoAndPlay("bq002");
}
anniu3.addEventListener(MouseEvent.MOUSE_OVER, over3);
function over3(event: MouseEvent): void {
    dh3.gotoAndPlay("bq001");
}
anniu3.addEventListener(MouseEvent.MOUSE_OUT, out3);
function out3(event: MouseEvent): void {
    dh3.gotoAndPlay("bq002");
}
anniu4.addEventListener(MouseEvent.MOUSE_OVER, over4);
function over4(event: MouseEvent): void {
    dh4.gotoAndPlay("bq001");
}
anniu4.addEventListener(MouseEvent.MOUSE_OUT, out4);
function out4(event: MouseEvent): void {
    dh4.gotoAndPlay("bq002");
}
```

可以看到我们的按钮 2、3、4 的命令与按钮 1 的命令都是相同的，只是将命令中的实例名称更改了。

第五步，Crtl+Enter 生成动画，如图 9-53 所示。

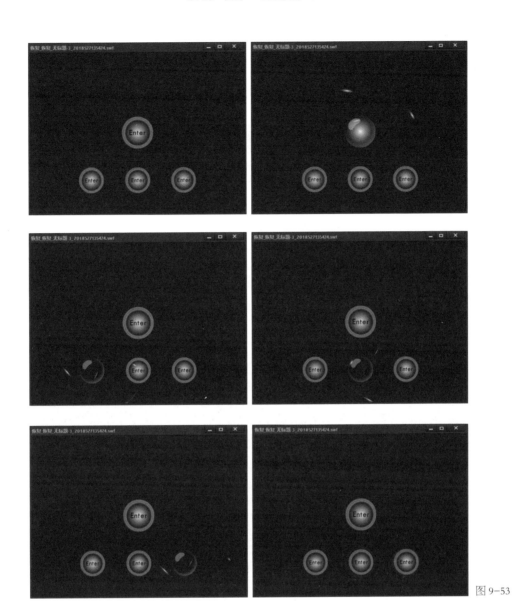

图 9-53

第十章 实例——多视频播放控制

案例分析：本章通过学习视频导入方式，让初学者进一步熟悉并且更加了解 Flash 的工具和基本操作。主要运用到的工具有按钮元件、代码编辑器等工具。

### 步骤一：前期准备工作

第一步，新建文件（Ctrl+N），参数为 1280 × 720，帧频为 25fps 的 AS3.0 文件。舞台背景更改为灰色。（图 10-1）

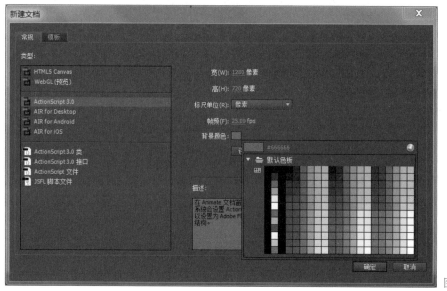

图 10-1

第二步，保存文件（Ctrl+S）。一开始就要做好保存的工作，在以后的操作中要习惯保存的动作，这样可以避免文件意外丢失。

第三步，准备使用的视频，将视频格式转换为 .flv 格式。（图 10-2）

| 名称 | 修改日期 | 类型 | 大小 |
| --- | --- | --- | --- |
| 1千年禅宗一古刹 | 2018/5/2 22:49 | 媒体文件(.flv) | 203,968 KB |
| 2《桨声商影里的·周庄》 | 2017/6/8 21:56 | 媒体文件(.flv) | 113,009 KB |
| 3烟火陶土 | 2017/6/8 21:45 | 媒体文件(.flv) | 87,229 KB |

图 10-2

### 步骤二：制作视频按钮

第一步，新建一个按钮元件并命名为"千年禅宗一古刹"（快捷键：Ctrl+F8）。（图 10-3）

图 10-3

第二步，选择文本工具 T （快捷键：T），在属性栏中，调整字符系列为黑体，大小为 30，颜色为白色。（图 10-4）

图 10-4

输入文字"千年禅宗一古刹"。调出对齐面板（Ctrl+K），分别选择水平中齐、垂直中齐，调整到舞台中心。（图 10-5）

千年禅宗一古刹
图 10-5

第三步，新建图层 2，并拖曳到图层 1 下方。选择椭圆工具 （快捷键：O），笔触颜色为无色 ，填充颜色为灰色 ，按住 Shift 键绘制一个正圆。

选择颜料桶工具 （快捷键：K），填充颜色为径向渐变 ，打开颜色面板进行调整。（图 10-6）

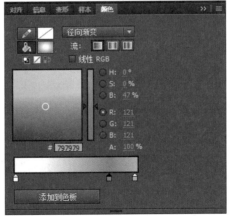
图 10-6

点击正圆进行颜色填充，并使用快捷键 Ctrl+G 进行存储。（图 10-7）

图 10-7

选择正圆，进行打散（快捷键：Ctrl+B）。（图10-8）

图10-8

选择正圆的一半，拖动分离。（图10-9）

图10-9

再选择半圆的某一边，选取一个长方形，并将两个半圆进行存储（快捷键：Ctrl+G）。（图10-10）

图10-10

右击选取长方形，进行任意变形，横向拖动到补充两个半圆间。（图10-11）

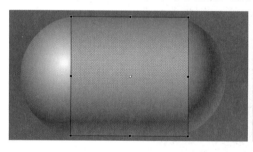

图10-11

第四步，根据字体长度，对两个半圆间的长方形进行任意变形，调整长方形长度到合适长度。（图10-12）

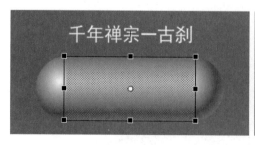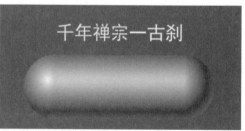

图10-12

选中绘制的图形，进行存储（快捷键：Ctrl+G）。调出对齐面板（Ctrl+K），分别选择水平中齐、垂直中齐，调整到舞台中心。（图10-13）

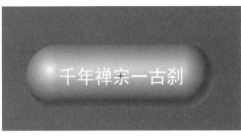

图10-13

第五步，选中绘制的图形，Ctrl+C 拷贝，Ctrl+Shift+V 原地粘贴，Ctrl+Alt+S 缩放和旋转，旋转角度为180度。（图10-14）

图10-14

Ctrl+Alt+S 缩放和旋转，缩放大小为90%。（图10-15）

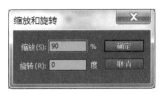

图10-15

使用任意变形工具，进行调整。（图10-16）

图10-16

第六步，新建图层3，将图层2中绘制的图形进行 Ctrl+C 拷贝，Ctrl+V 粘贴，并且打散（快捷键：Ctrl+B）。（图10-17）

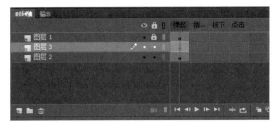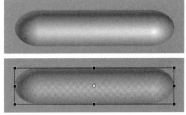

图10-17

填充深灰色。（图10-18）

图10-18

Ctrl+Alt+S 缩放和旋转，缩放大小为 95%。（图 10-19）

图 10-19

使用任意变形工具，进行调整。（图 10-20）

图 10-20

第七步，新建图层 4，将图层 2 中绘制的图形进行 Ctrl+C 拷贝，Ctrl+V 粘贴，并且打散（快捷键：Ctrl+B）。（图 10-21）

图 10-21

并且颜色填充为黑色。（图 10-22）

图 10-22

选择修改—形状—修改填充边缘，数值为 8。（图 10-23）

图 10-23

得到一个边缘模糊的图形。点击该图形，按 F8 键转换为元件，并命名为"阴影"。（图 10-24）

图 10-24

打开属性面板，选择色彩效果—样式 Alpha，调整透明度为 40%。（图 10-25）

图 10-25

调整阴影位置。（图 10-26）

图 10-26

第八步，选中图层 1 到图层 4 的"点击"帧，插入帧（快捷键：F5）。（图 10-27）

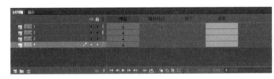 

图 10-27

在图层 1"指针经过"帧位置插入关键帧（快捷键：F6）。（图 10-28）

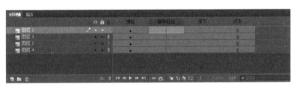

图 10-28

并在此帧位置将字体颜色调整为黄色。（图 10-29）

图 10-29

第九步，按 Ctrl+Enter 预览，当鼠标经过时字体颜色改变。（图 10-30）

图 10-30

### 步骤三：快速制作多个按钮

第一步，打开库（快捷键：Ctrl+L）。右击按钮元件"千年禅宗—古刹"，选择直接复制，并命名为"桨声商影里的 · 周庄"。（图 10-31）

图 10-31

第二步，打开按钮元件"桨声商影里的 · 周庄"。点击图层 1 将内容"千年禅宗—古刹"改为"桨声商影里的 · 周庄"。（图 10-32）

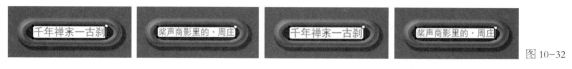

图 10-32

第三步，同样方法，得到按钮元件"烟火陶土"。（图 10-33）

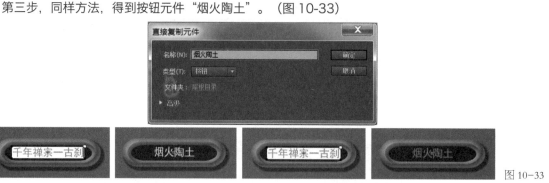

图 10-33

第四步，回到场景 1，将按钮元件"千年禅宗—古刹""桨声商影里的 · 周庄""烟火陶土"一一排列在场景下方位置。（图 10-34）

图 10-34

并将它们的实例名称分别命名为"anniu1""anniu2""anniu3"。（图 10-35）

图 10-35

### 步骤四：导入视频

第一步，选择插入—场景，插入场景 2。（图 10-36）

图 10-36

选择窗口—场景（快捷键：Shift+F2），调出场景面板。（图 10-37）

图 10-37

将场景 1 重命名为场景 0，将场景 2 重命名为场景 1。然后新建场景 2、场景 3。（图 10-38）

图 10-38

第二步，选择文件—导入—导入视频。（图 10-39）

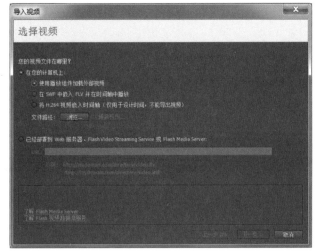

图 10-39

选择"使用播放组件加载外部视频"选项，点击"文件路径：浏览"。（图 10-40）

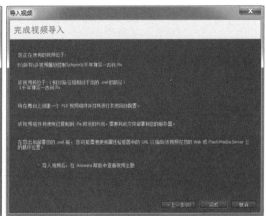

图 10-40

将视频"千年禅宗—古刹"导入。

第三步，回到场景 0，新建图层 2。（图 10-41）

图 10-41

选择窗口—动作（快捷键：F9），选择窗口—代码片断。（图 10-42）

图 10-42

选择 ActionScript—时间轴导航—单击以转到场景并播放。（图 10-43）

图 10-43

注意："千年禅宗—古刹"视频在场景 1 中，所以代码中为"场景 1"。（图 10-44）

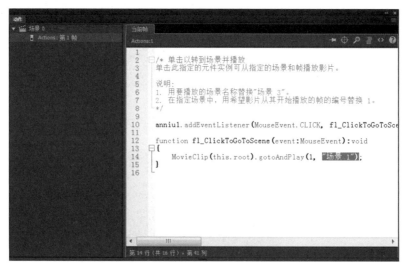

图 10-44

新建图层并命名为"dongzuo"。选择 ActionScript—时间轴导航—在此帧处停止。（图 10-45）

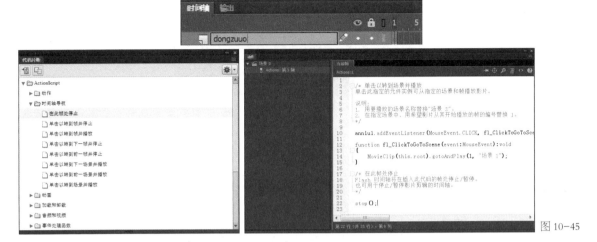

图 10-45

将图层 2、图层"dongzuo"删除（命令已经加在图层"Actions"上，不需要多余图层）。（图 10-46）

图 10-46

回到场景 1，新建图层 2，选择窗口—动作（快捷键：F9），选择窗口—代码片断。（图 10-47）

图 10-47

选择 ActionScript—时间轴导航—在此帧处停止。（图 10-48）

图 10-48

删除图层 2。( 图 10-49)

图 10-49

第四步，回到场景 2，  。

选择文件—导入—导入视频。（图 10-50）

图 10-50

选择 "使用播放组件加载外部视频" 选项，点击 "文件路径：浏览"。（图 10-51）

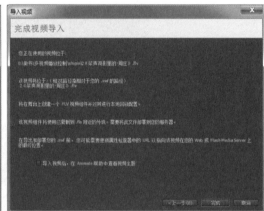

图 10-51

将视频 "桨声商影里的 • 周庄" 导入。

由于视频尺寸不同，为了观看界面的统一性，在属性面板中，将视频的大小改为 720×480，位置也与视频 "千年禅宗一古刹" 相同，改为 280、60。（图 10-52）

图 10-52

回到场景 0，新建图层 2。选中按钮"桨声商影里的 · 周庄"。（图 10-53）

图 10-53

选择窗口—动作（快捷键：F9），选择窗口—代码片断。（图 10-54）

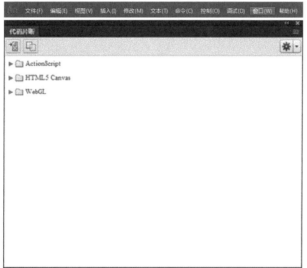

图 10-54

选择 ActionScript—时间轴导航—单击以转到场景并播放。（图 10-55）

图 10-55

注意："桨声商影里的·周庄"视频在场景 2 中，所以代码中为"场景 2"。

回到场景 2，新建图层 2。选择 ActionScript—时间轴导航—在此帧处停止。（图 10-56）

图 10-56

将图层 2 删除（命令已经加在图层"Actions"上，不需要多余图层）。（图 10-57）

图 10-57

第五步，重复第四步将视频"烟火陶土"导入。

回到场景 0，选中按钮"烟火陶土"。

选择窗口—动作（快捷键：F9），选择窗口—代码片断。（图 10-58）

图 10-58

选择 ActionScript—时间轴导航—单击以转到场景并播放。（图 10-59）

图 10-59

注意："烟火陶土"视频在场景 3 中，所以代码中为"场景 3"。

回到场景 3，新建图层 2。选择 ActionScript—时间轴导航—在此帧处停止。（图 10-60）

图 10-60

将图层 2 删除（命令已经加在图层"Actions"上，不需要多余图层）。（图 10-61）

图 10-61

回到场景 0 中，按住 Ctrl+Enter 预览，点击相应按钮即可看到对应的视频画面。

### 步骤五：使用按钮进行场景转化

第一步，在场景 0 中，右击图层 1 第 1 帧处选择复制帧。在场景 1 中，新建图层并拖曳到最下方，在第 1 帧处右击选择复制帧。（图 10-62）

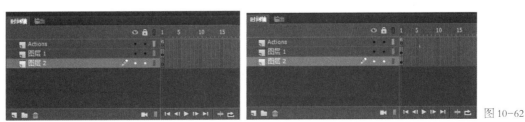

图 10-62

重复该步骤。在场景 2 中，新建图层并拖曳到最下方，在第 1 帧处右击选择复制帧。

在场景 3 中，新建图层并拖曳到最下方，在第 1 帧处右击选择复制帧。

第二步，在场景 1 中，选择按钮"桨声商影里的·周庄"。（图 10-63）

图 10-63

选择窗口—动作（快捷键：F9），选择窗口—代码片断。（图 10-64）

图 10-64

选择 ActionScript—时间轴导航—单击以转到场景并播放。（图 10-65）

图 10-65

注意："桨声商影里的·周庄"视频在场景 2 中，所以代码中为"场景 2"。
选中按钮"烟火陶土"。（图 10-66）

图 10-66

选择窗口—动作（快捷键：F9），选择窗口—代码片断。（图 10-67）

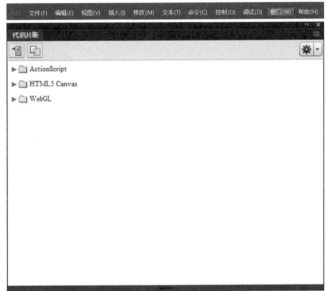

图 10-67

选择 ActionScript—时间轴导航—单击以转到场景并播放。（图 10-68）

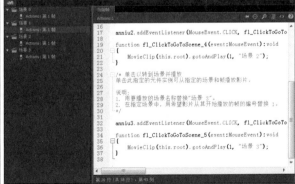

图 10-68

注意："烟火陶土"视频在场景 3 中，所以代码中为"场景 3"。

第三步，在场景 2 中，选择按钮"千年禅宗—古刹"。（图 10-69）

图 10-69

选择窗口—动作（快捷键：F9），选择窗口—代码片断。（图 10-70）

图 10-70

选择 ActionScript—时间轴导航—单击以转到场景并播放。（图 10-71）

图 10-71

注意："千年禅宗—古刹"视频在场景 1 中，所以代码中为"场景 1"。

选中按钮"烟火陶土"。（图 10-72）

图 10-72

选择窗口—动作（快捷键：F9），选择窗口—代码片断。（图 10-73）

图 10-73

选择 ActionScript—时间轴导航—单击以转到场景并播放。（图 10-74）

图 10-74

注意："烟火陶土"视频在场景 3 中，所以代码中为"场景 3"。

第四步，在场景 3 中，选择按钮"千年禅宗一古刹"。（图 10-75）

图 10-75

选择窗口—动作（快捷键：F9），选择窗口—代码片断。（图 10-76）

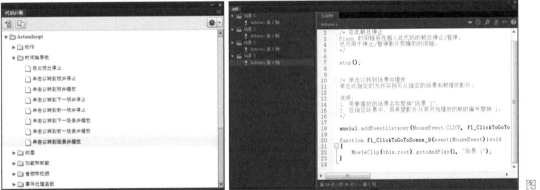

图 10-76

选择 ActionScript—时间轴导航—单击以转到场景并播放。（图 10-77）

图 10-77

注意："千年禅宗一古刹"视频在场景 1 中，所以代码中为"场景 1"。

**10**

Adobe Animate CC2017 实例教程

选中按钮"桨声商影里的 · 周庄"。(图 10-78)

图 10-78

选择窗口—动作（快捷键：F9），选择窗口—代码片断。（图 10-79）

文件(F) 编辑(E) 视图(V) 插入(I) 修改(M) 文本(T) 命令(C) 控制(O) 调试(D) 窗口(W) 帮助(H)

图 10-79

选择 ActionScript—时间轴导航—单击以转到场景并播放。（图 10-80）

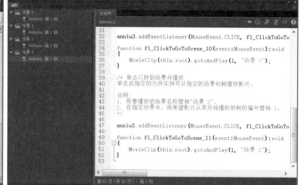

图 10-80

注意："桨声商影里的 · 周庄"视频在场景 2 中，所以代码中为"场景 2"。

回到场景 0 中，按住 Ctrl+Enter 预览，点击相应按钮即可看到对应的视频画面。此时可任意跳转视频，但跳转视频时视频声音不会跳转。

### 步骤六：编辑代码调整视频声音

第一步，在场景 1 中，选中全部图层的第 2 帧，插入帧（快捷键：F5）。（图 10-81）

图 10-81

将图层"Actions"上第 1 帧的命令拖曳到第 2 帧上。（图 10-82）

图 10-82

选择窗口—动作（快捷键：F9），选择窗口—代码片断。（图 10-83）

图 10-83

选择 ActionScript—音频和视频—单击以停止所有声音。（图 10-84）

图 10-84

选择图中蓝色选区选中的代码进行保留，其余代码删除。（图 10-85）

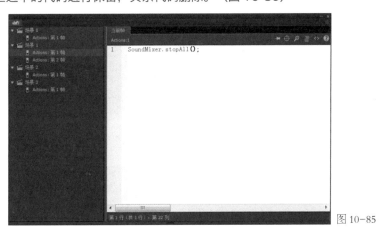

图 10-85

复制该代码。

第二步，在场景 2 中，新建图层 4，并将图层 4 拖曳到最上方。

选中全部图层的第 2 帧，插入帧（快捷键：F5）。（图 10-86）

图 10-86

点击选中图层 4 第 1 帧处。选择窗口—动作（快捷键：F9），选择窗口—代码片断。将第一步复制的代码在图层 4 第 1 帧处进行粘贴 。（图 10-87）

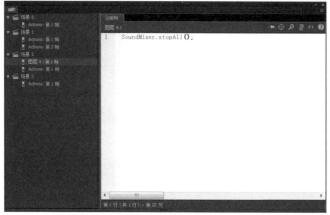

图 10-87

将图层 "Actions" 上第 1 帧的命令拖曳到第 2 帧上。（图 10-88）

图 10-88

第三步，在场景 3 中，选中全部图层的第 2 帧，插入帧（快捷键：F5）。（图 10-89）

图 10-89

将图层 "Actions" 上第 1 帧的命令拖曳到第 2 帧上。（图 10-90）

图 10-90

点击选中图层 "Actions" 第 1 帧处。选择窗口—动作（快捷键：F9），选择窗口—代码片断。将第一步复制的代码在图层 "Actions" 第 1 帧处进行粘贴 。（图 10-91）

图 10-91

则视频声音停止命令添加完成。

回到场景 0 中,按住 Ctrl+Enter 预览,点击相应按钮即可看到对应的视频画面。此时可任意跳转视频,且跳转视频时视频声音随之跳转。

# 11

## 第十一章　实例——视频导入方式

案例分析：本章通过学习视频导入方式，让初学者进一步熟悉并且更加了解 Flash 的工具和基本操作。主要运用到的工具有线条工具、椭圆工具等基础工具。

### 步骤一：前期准备工作

第一步，新建文件（快捷键：Ctrl+N），参数为 720 × 480，帧频为 25fps 的 AS3.0 文件。舞台背景更改为灰色。（图 11-1）

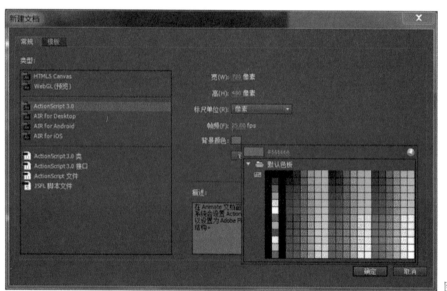

图 11-1

第二步，保存文件（Ctrl+S）。一开始就要做好保存的工作，在以后的操作中要习惯保存的动作，这样可以避免文件意外丢失。

第三步，准备使用的视频，将视频格式转换为 .flv 格式。（图 11-2）

千年禅宗—古刹　　2018/6/6 21:27　　com.adobe.flv　　2,925 KB　图 11-2

第四步，打开文件，选择导入—导入视频。（图 11-3）

文件(F)　编辑(E)　视图(V)　插入(I)　修改(M)　文本(T)　命令(C)　控制(O)　调试(D)　窗口(W)　帮助(H)　图 11-3

选择在"SWF 中嵌入 FLV 并在时间轴中播放"选项，选择"文件路径：浏览"将准备的 .flv 格式的视频导入（注意：不选择"转换视频"选项），点击下一步。（图 11-4）

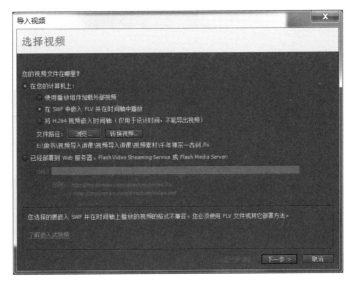

图 11-4

符号类型为"嵌入的视频",点击下一步。(图 11-5)

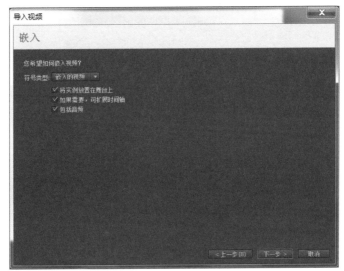

图 11-5

完成视频导入。(图 11-6)

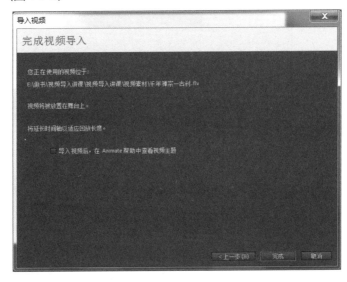

图 11-6

### 步骤二： 将导入的视频转换为元件

第一步，调出对齐面板（Ctrl+K），分别选择水平中齐、垂直中齐，调整到舞台中心（注意：在步骤一中将新建文件参数输入为 720 X 480 像素与导入的视频参数相同，所以导入的视频与舞台完全重合）。（图 11-7）

图 11-7

第二步，新建一个影片剪辑元件并命名为"短片视频"（快捷键：Ctrl+F8）。（图 11-8）

图 11-8

将千年禅宗一古刹 .flv 视频拖入。（图 11-9）

图 11-9

由于是流媒体，此时显示"需要 1046 帧"，文件按默认帧数跨度不够，所以选择"是"以自动插入所需数量的帧。（图 11-10）

图 11-10

调出对齐面板（Ctrl+K），分别选择水平中齐、垂直中齐，调整到舞台中心。

第三步，回到舞台，将舞台上的导入视频删除。选中图层1，按 Shift+F5 删除。（图11-11）

图11-11

### 步骤三： 制作视频播放按钮

第一步，将元件"短片视频"拖入场景1中，Ctrl+Alt+S 缩放和旋转，缩放为60%。调出对齐面板（Ctrl+K），分别选择水平中齐、垂直中齐，调整到舞台中心。（图11-12）

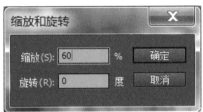

图11-12

第二步，新建一个按钮元件并命名为"播放按钮"（快捷键：Ctrl+F8）。（图11-13）

图11-13

选择基本矩形工具 ⬚（快捷键：R），调整笔触颜色为无色 ⬚，填充颜色为线性渐变 ⬚。打开颜色面板进行调整。（图11-14）

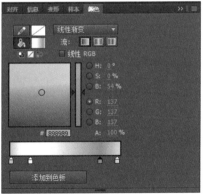

图11-14

绘制一个矩形图形。（图11-15）

图11-15

选择渐变变形工具 （快捷键：F），顺时针旋转 90°。并使用选择工具 （快捷键：V）将边角调整为有弧度的边角。（图 11-16）

图 11-16

进行存储（快捷键：Ctrl+G），调出对齐面板（快捷键：Ctrl+K），分别选择水平中齐、垂直中齐，调整到舞台中心。

在第 4 帧位置插入帧（快捷键：F5）。（图 11-17）

图 11-17

第三步，新建图层 2，选择矩形工具 （快捷键：R），调整笔触颜色为黑色 ，填充颜色为灰色 。按住 Shift 键绘制一个正方形。（图 11-18）

图 11-18

选择部分选取工具 （快捷键：A），点击矩形的右下角，按 Delete 键删除得到一个三角形。（图 11-19）

图 11-19

选择选择工具 （快捷键：V），Ctrl+Alt+S 缩放和旋转，旋转 135°。（图 11-20）

图 11-20

Ctrl+Alt+S 缩放和旋转，旋转 135°。（图 11-21）

图 11-21

调出对齐面板（快捷键：Ctrl+K），分别选择水平中齐、垂直中齐，调整到舞台中心。（图 11-22）

图 11-22

第四步，将右边黑色线条调整为灰色。（图 11-23）

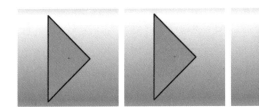

图 11-23

将右下方黑色线条调整为白色，完成后更有立体感。（图 11-24）

图 11-24

第五步，在指针经过处插入关键帧（快捷键：F6）。（图 11-25）

图 11-25

打开颜色面板，将三角形播放按钮调换为随机颜色。（图 11-26）

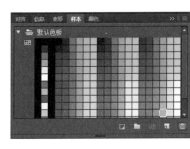

图 11-26

第六步，打开场景 1，将按钮元件"播放按钮"拖入，使用快捷键 Ctrl+Alt+S 进行适当的缩放，并调整到合适位置。（图 11-27）

图 11-27

按住 Ctrl+Enter 生成动画，当鼠标经过播放按钮时，播放键颜色改变。

### 步骤四：制作视频暂停按钮

第一步，在库中，右击按钮元件"播放按钮"，选择直接复制选项，并将复制的按钮元件的名称改为"暂停按钮"。（图 11-28）

图 11-28

第二步，打开"暂停按钮"元件，新建图层 3，选择矩形工具 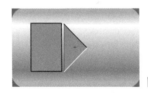（快捷键：R），调整笔触颜色为黑色 ，填充颜色为灰色 。按住 Shift 键绘制一个矩形。（图 11-29）

图 11-29

将左边黑色线条调整为灰色，将下边与右边黑色线条调整为白色。（图 11-30）

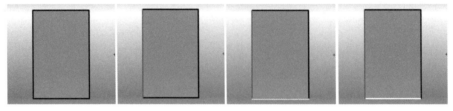

图 11-30

完成后更有立体感。（图 11-31）

图 11-31

第三步，根据整体的和谐调整矩形的大小。

选择该矩形，打开属性—位置和大小，调整宽度到适当的数值。（图 11-32）

图 11-32

选择该矩形，Ctrl+C 拷贝，Ctrl+Shift+V 原地粘贴，并向右平移到合适位置，形成暂停按钮。（图 11-33）

图 11-33

存储（Ctrl+G），调出对齐面板（Ctrl+K），分别选择水平中齐、垂直中齐，调整到舞台中心。（图 11-34）

图 11-34

第四步，在指针经过处插入关键帧（快捷键：F6），并将图层 2 删除。（图 11-35）

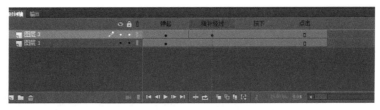

图 11-35

打开颜色面板，将矩形暂停按钮调换为随机颜色。（图 11-36）

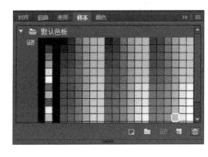

图 11-36

　　第五步，打开场景 1，将按钮元件"播放按钮"拖入，使用快捷键 Ctrl+Alt+S 进行适当的缩放，并调整到合适位置。（图 11-37）

图 11-37

按住 Ctrl+Enter 生成动画，当鼠标经过播放按钮时，播放键颜色改变。

**步骤五：输入鼠标代码**

第一步，回到场景 1，选中图层 1 的播放按钮与暂停按钮，Ctrl+X 剪切。（图 11-38）

图 11-38

新建图层 2，命名为"按钮"，Ctrl+Shift+V 原地粘贴。并新建图层 3，命名为"代码"。（图 11-39）

图 11-39

第二步，点击图层 1，选中"短片视频"。打开属性面板，将实例名称命名为"dy"。（图 11-40）

图 11-40

同理，点击图层"按钮"，选中播放按钮，打开属性面板，将实例名称命名为"bf_anniu"。
选中暂停按钮，打开属性面板，将实例名称命名为"zt_anniu"。（图 11-41）

图 11-41

第三步，点击图层"代码"，选择窗口—动作（快捷键：F9），编辑代码。（图 11-42）

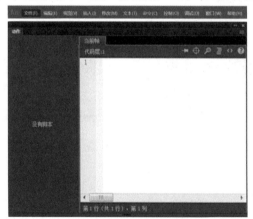

图 11-42

输入以下代码（图 11-43）：

bf_anniu.addEventListener(MouseEvent.CLICK,dy_bf);

function dy_bf(me:MouseEvent){

　　　　dy.play();

}

zt_anniu.addEventListener(MouseEvent.CLICK,dy_tz);

function dy_tz(me:MouseEvent){

　　　　dy.stop();

}

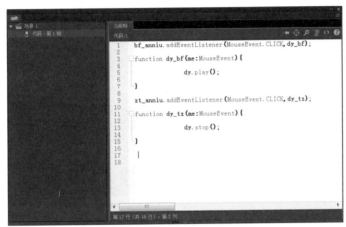

图 11-43

注解：bf_anniu，zt_anniu 为按钮实例名称。

addEventListener：事件监听器（输入首字母可以自动选择，如果不能自动选择，第一个单词是小写，后两个单词首字母是大写）。

MouseEvent：鼠标事件。

CLICK：单击（必须全部是大写）。

people_move：要达到的目的，名字随便取，但是输入的时候若是蓝色，则命名和其他命令撞车，不能成立。

function：函数。

this：当前场景。

补充：若要刚开始时影片是停止播放的，在最开始输入代码 stop();。

若影片剪辑是有动画的，要在停止场景播放的同时停止影片剪辑,在开始场景播放的同时开始影片剪辑,加上 2 行代码。

第四步，按住 Ctrl+Enter 生成动画，点击暂停按钮时短片暂停，点击播放按钮时短片播放。

注意：此时短片循环播放，应给短片添加播放一次后便暂停的指令。（图 11-44）

图 11-44

点击图层"代码"，选择窗口—动作（快捷键：F9），直接编辑代码 stop();。

或者打开窗口—代码片断，选择 ActionScript—时间轴导航—在此帧处停止。（图 11-45）

图 11-45

注意：文字部分为说明该代码作用，是否删除对指令效果并无影响。（图 11-46）

图 11-46

添加代码后图层样式如图 11-47 所示。

图 11-47

同样方法在第 1 帧位置添加停止指令。（图 11-48）

图 11-48

第五步，按住 Ctrl+Enter 生成动画，短片开头为静止画面，点击暂停按钮时短片暂停，点击播放按钮时短片播放，播放完毕后自动停止。（图 11-49）

图 11-49

# 第十二章 实例——调用式导入视频

**12**

案例分析：本章主要学习将视频以流的形式导入 AN 中，减小机器压力。

### 步骤一：前期准备工作

第一步，新建文件（Ctrl+N）。类型为 AS3.0；参数为 550×400。（图 12-1）

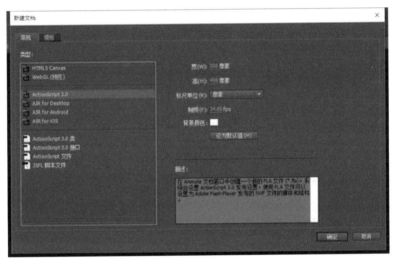

图 12-1

第二步，保存文件（Ctrl+S）。一开始就要做好保存的工作，在以后的操作中要习惯保存的动作，这样可以避免文件意外丢失。

第三步，进入场景，我们在属性中将场景的宽高改为适应视频的大小。如图 12-2 所示，将 550×400 改为 720×480。

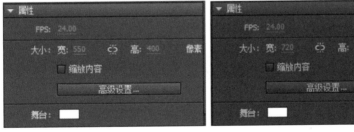

图 12-2

第四步，将我们的视频素材，运用格式工厂把格式更改为 FLV 视频格式，如图 12-3 所示。

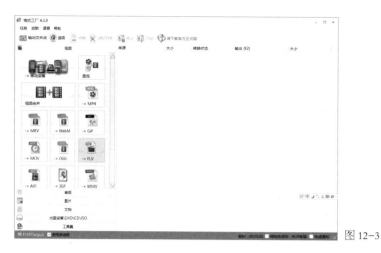

图 12-3

选中图 12-3 所示中的 FLV，添加视频原件，如图 12-4 所示。

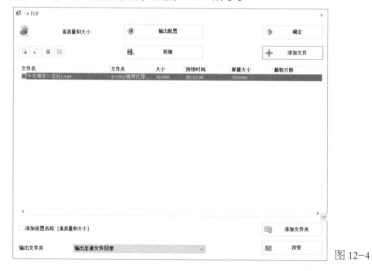

图 12-4

其中，我们要将它的输出配置做出调整，屏幕大小调整为 720×480，比特率调整为 5000。（图 12-5）

图 12-5

确定后，在格式工厂主页中，开始转换就可以将视频转换为 FLV 格式了。

## 步骤二：导入 FLV 视频素材

第一步，回到 AN 中，点击菜单栏中的文件—导入—导入视频，如图 12-6 所示。

图 12-6

第二步，选中导入视频后，得到如图 12-7 所示效果。我们此时选中的是使用播放组件加载外部视频。

图 12-7

第三步，点击 浏览 选中我们所准备的 FLV 视频素材。（图 12-8）

图 12-8

第四步，点击下一步，如图 12-9 所示。

图 12-9

在外观选项中，我们可以调整播放器的多种外观。

第五步，点击下一步，点击完成，视频便导入我们的场景中，视频元件在我们的库中，如图 12-10 所示。

图 12-10

第六步，调整视频的大小，使播放器也在场景中，Crtl+Alt+S 缩放 80%，Crtl+K 对齐到舞台中央，如图 12-11 所示。

图 12-11

第七步，将场景的背景色进行调整，如图 12-12 所示。

图 12-12

此时我们的调用式影片导入就已经完成了，Crtl+Enter，导出 SWF 影片，如图 12-13 所示。

图 12-13

可以看到播放器上的播放、暂停、快进、快退、时间轴、声音等都是可以调整的。

第八步，回到我们的场景当中，选中视频，在属性中找到组件参数，可以对播放器的色彩进行调整，如图 12-14 所示。

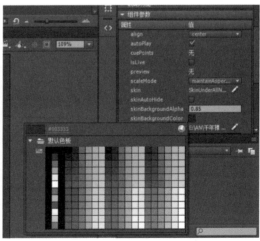

图 12-14

可以看到选中颜色后，场景中的播放器颜色就有了变化，如图 12-15 所示。

图 12-15

最后，就完成了我们的导入视频。

## 第十三章　实例—— 全屏播放

全屏播放分为四种方式，即直接全屏、按钮控制全屏、直接全屏不放大、按钮控制全屏不放大。

### 直接全屏

**步骤一：前期准备工作**

第一步，新建文件（Ctrl+N）。类型为 AS3.0，如图 13-1 所示。

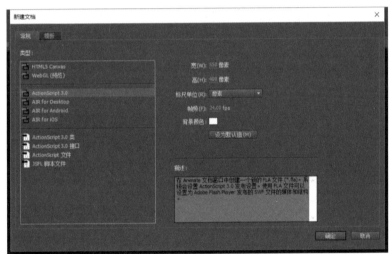

图 13-1

第二步，将文件属性参数改为 1280×720，背景色为白色，如图 13-2 所示。

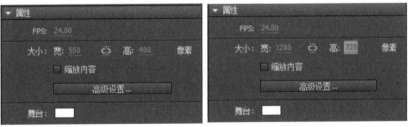

图 13-2

第三步，保存文件（Ctrl+S）。一开始就要做好保存的工作，在以后的操作中要习惯保存的动作，这样可以避免文件意外丢失。

### 步骤二：导入全屏播放文件

第一步，导入图片 001（Crtl+R），如图 13-3 所示。

图 13-3

第二步，选中图片 001，导入，此时会出现如图 13-4 所示的对话框。

图 13-4

选择否。

第三步，此时图片已经导入场景中，生成动画（Crtl+Enter）。（图 13-5）

图 13-5

此时回到我们存盘处，在文件夹中点击我们生成的动画，此时并没有全屏播放。

### 步骤三：加入全屏播放动作

第一步，回到场景中，在场景时间轴上，新建一个图层，将其命名为"代码层"。

第二步，选中代码层，动作（F9）。

第三步，在动作面板中添加全屏动作（图 13-6）：

```
{
    if (stage.displayState == "normal") {
```

```
    stage.displayState = "fullScreen";
} else if (stage.displayState == "fullScreen") {
    stage.displayState = "normal";
    }
}
```

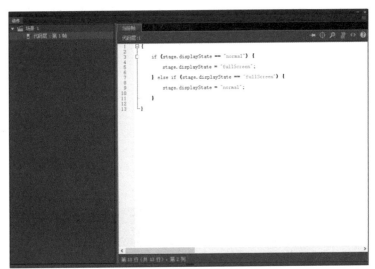

图 13-6

第四步，生成动画（Crtl+Enter），此时在场景中生成动画并没有效果，需要在文件夹中点击我们所生成的动画，会发现点击后是直接全屏播放的，且图片随着全屏播放而放大。

## 按钮控制全屏

### 步骤一：前期准备工作（同直接全屏相同）

第一步，新建文件（Ctrl+N）。类型为 AS3.0，如图 13-7 所示。

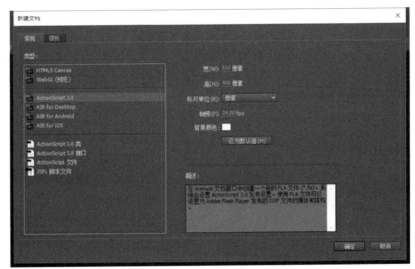

图 13-7

第二步，将文件属性参数改为 1280×720，背景色为白色，如图 13-8 所示。

图 13-8

第三步，保存文件（Ctrl+S）。一开始就要做好保存的工作，在以后的操作中要习惯保存的动作，这样可以避免文件意外丢失。

## 步骤二：导入全屏播放文件

第一步，导入图片 002（Crtl+R）。

第二步，选中图片 002，导入，此时会出现如图 13-9 所示的对话框。

图 13-9

选择否。

第三步，此时图片已经导入场景中了，如图 13-10 所示。

图 13-10

## 步骤三：新建全屏按钮

第一步，新建一个按钮元件（Crtl+F8），将其命名为"全屏"，如图 13-11 所示。

图 13-11

第二步，在全屏按钮元件的弹起效果上绘制一个矩形，可自行调整绘制图形，如图 13-12 所示。

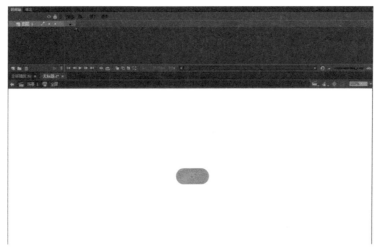

图 13-12

将绘制的圆角矩形对齐于舞台（Crtl+K）。

第三步，选中时间轴点击，F6 添加关键帧。

第四步，将圆角矩形复制一份，将复制的圆角矩形颜色更改为黑色，并在菜单—修改—形状—柔化填充边缘，如图 13-13 所示。

图 13-13

将其组合（Crtl+G），F8 转换为图形元件，将其命名为"阴影"。（图 13-14）

图 13-14

第五步，选中刚才的图形，Crtl+X 剪切，在时间轴上新建一个图层，将其粘贴在弹起帧中，并将其 Alpha 值调低 50%。将新建的图层 2，拖曳到图层 1 下，得到如图 13-15 所示的效果。

图 13-15

可以看到按钮下是有阴影的。

第六步，在图层 1 的指针经过帧中，添加一个关键帧（F6），将此帧的图形颜色进行更改，在这里我们将其更改为粉色，如图 13-16 所示。

图 13-16

第七步，新建一个图层 3，在弹起帧上，选择文本工具，输入文字"全屏"，调整位置到中心，如图 13-17 所示。

图 13-17

第八步，在图层 3 的指针经过帧中，添加一个关键帧（F6），将此帧的"全屏"颜色进行更改，如图 13-18 所示。

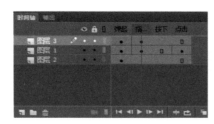

图 13-18

此时按钮我们就已经完成了。

### 步骤四：添加按钮控制全屏动作

第一步，回到场景中，在时间轴上新建一个图层，将按钮元件拖曳到场景中，如图 13-19 所示。

图 13-19

第二步，在时间轴上新建一个图层，将其命名为代码层。F9 动作，添加命令（图 13-20）：

qp_btn.addEventListener(MouseEvent.CLICK, qp_MouseClickHander);

function qp_MouseClickHander(event: MouseEvent): void {

    if (stage.displayState == "normal") {

        stage.displayState = "fullScreen";

  } else if (stage.displayState == "fullScreen") {

   stage.displayState = "normal";

  }

}

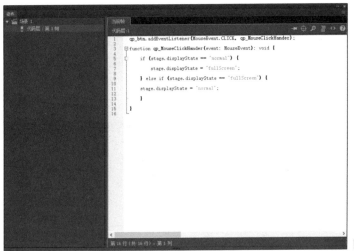

图 13-20

可以看到第一行中，qp_btn 为实例名称，所以我们此时要将按钮给一个实例名称。

第三步，选中按钮，在属性中，给一个实例名称 qp_anniu。（图 13-21）

图 13-21

第四步，在动作中，将第一行的 qp_btn 更改为 qp_anniu，如图 13-22 所示。

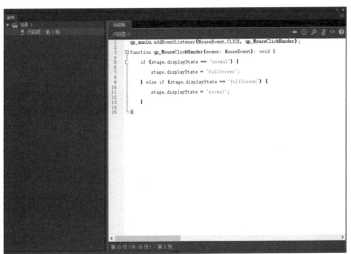

图 13-22

第五步，Crtl+Enter 生成动画，回到文件夹中，点击我们所生成的动画。（图 13-23）

图 13-23

此时我们点击全屏按钮后，动画将为全屏播放模式。

## 直接全屏不放大

### 步骤一： 前期准备工作（与直接全屏、按钮控制全屏相同，以下简略说明）

第一步，新建文件（Ctrl+N）。类型为 AS3.0，将其属性参数更改为 1280×720。

第二步，保存文件（Ctrl+S）。一开始就要做好保存的工作，在以后的操作中要习惯保存的动作，这样可以避免文件意外丢失。

### 步骤二： 导入全屏播放文件

第一步，导入图片 003（Crtl+R）。

第二步，选中图片 003，导入，此时会出现如图 13-24 所示的对话框。

图 13-24

选择否。

第三步，此时图片已经导入场景中了，如图 13-25 所示。

图 13-25

### 步骤三：加入全屏播放且不放大动作

第一步，回到场景中，在场景时间轴上，新建一个图层，将其命名为"代码层"。

第二步，选中代码层，动作（F9）。

第三步，在动作面板中添加全屏动作。

stage.displayState = StageDisplayState.FULL_SCREEN;// 全屏显示

stage.scaleMode =StageScaleMode.NO_SCALE;// 原始大小

可以看到第一行代码和第二行代码后都附有中文解释。（图 13-26）

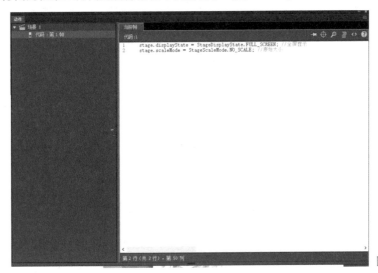

图 13-26

第四步，生成动画（Crtl+Enter），此时在场景中生成动画并没有效果，需要在文件夹中点击我们所生成的动画，会发现点击后是直接全屏播放的，且图片并未随着全屏播放而放大。

## 按钮控制全屏不放大

### 步骤一：前期准备工作（与直接全屏、按钮控制全屏相同，以下简略说明）

第一步，新建文件（Ctrl+N）。类型为 AS3.0，将其属性参数更改为 1280×720。

第二步，保存文件（Ctrl+S）。一开始就要做好保存的工作，在以后的操作中要习惯保存的动作，这样可以避免文件意外丢失。

### 步骤二：导入全屏播放文件

第一步，导入图片 004（Crtl+R）。

第二步，选中图片 004，导入，此时会出现如图 13-27 所示的对话框。

图 13-27

选择否。

第三步，此时图片已经导入场景中了，如图 13-28 所示。

图 13-28

**步骤三： 添加全屏按钮**

第一步，在属性面板中的库面板中，选中新建库面板，就可以得到两个库面板。（图 13-29）

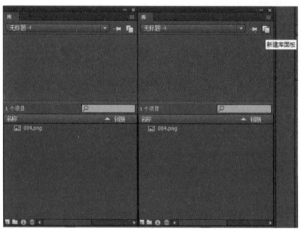

图 13-29

第二步，打开按钮全屏播放文件，将两个库中的其中一个库更改为按钮全屏播放文件的库文件，如图 13-30 所示。

图 13-30

第三步, 选中按钮全屏播放库中的全屏按钮元件, 将其拖曳到按钮控制全屏不放大库中, 如图 13-31 所示。

图 13-31

第四步, 此时我们的按钮元件就已经添加成功了, 回到场景中, 在时间轴上新建一个图层, 选中新建图层, 将按钮放入场景中, 得到如图 13-32 所示的效果。

图 13-32

第五步: 选中按钮, 将其属性中的实例名称更改为 qp_anniu。（图 13-33）

图 13-33

### 步骤四: 添加按钮控制全屏动作

第一步, 在场景时间轴中, 新建一个图层将其命名为代码层。F9 动作, 添加命令（图 13-34）:

```
qp_btn.addEventListener(MouseEvent.CLICK, qp_MouseClickHander);
function qp_MouseClickHander(event: MouseEvent): void {
  {
    stage.displayState = StageDisplayState.FULL_SCREEN;
```

```
    stage.scaleMode = StageScaleMode.NO_SCALE;
  }
}
```

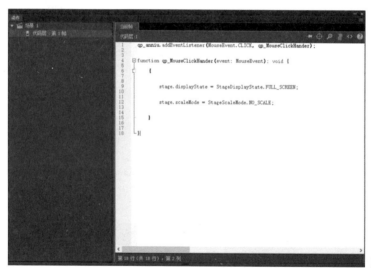

图 13-34

此时代码的第一行中的 qp_btn 需要更改为 qp_anniu，如图 13-35 所示。

图 13-35

第二步，Crtl+Enter 生成动画，回到文件夹中，点击我们所生成的动画，如图 13-36 所示。

图 13-36

点击全屏按钮后，图片动画将会全屏播放，且不放大。（图 13-37）

图 13-37

# 14

## 第十四章　实例——停止暂停播放声音控制

案例分析：本章通过学习视频导入方式，让初学者进一步熟悉并且更加了解 Flash 的工具和基本操作。主要运用到的工具有按钮元件、代码编辑器等工具。

### 步骤一：前期准备工作

第一步，新建文件（快捷键：Ctrl+N）。参数为 1280 × 720，帧频为 12fps 的 AS3.0 文件。（图 14-1）

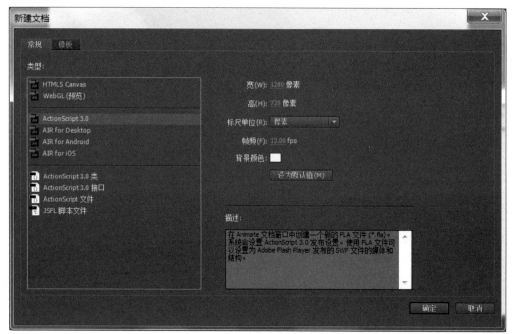

图 14-1

第二步，保存文件（Ctrl+S）。一开始就要做好保存的工作，在以后的操作中要习惯保存的动作，这样可以避免文件意外丢失。

## 步骤二：制作暂停按钮

第一步，选择文件—导入—导入到舞台（快捷键：Ctrl+R）。

图 14-2

将准备好的音频文件《蓝莲花》导入。（图 14-2）

第二步，新建一个元件，选择该元件为按钮元件（快捷键：Ctrl+F8），并命名为"暂停"。（图 14-3）

图 14-3

第三步，选择矩形工具 ![] （快捷键：R），调整笔触颜色为无色 ![] ，随机填充颜色为褐色 ![] 。绘制一个矩形，进行存储（快捷键：Ctrl+G）。调出对齐面板（快捷键：Ctrl+K），分别选择水平中齐、垂直中齐，调整到舞台中心。

Ctrl+C 拷贝，Ctrl+Shift+V 原地粘贴，并移动到合适位置。（图 14-4）

图 14-4

在图层 1 指针经过帧处右击选择"插入关键帧"（快捷键：F6）。（图 14-5）

图 14-5

将矩形打散（快捷键：Ctrl+B），将填充颜色更改为深咖色，然后存储（快捷键：Ctrl+G）。（图 14-6）

图 14-6

在图层 1 点击处右击选择"插入关键帧"（快捷键：F6）。（图 14-7）

图 14-7

第四步：新建图层 2，并在图层 2 点击处右击选择"插入关键帧"（快捷键：F6）。（图 14-8）

图 14-8

使用矩形工具 （快捷键：R），调整笔触颜色为无色 ，随机填充颜色为深咖色 。绘制一个矩形用以将两个小矩形全部覆盖，进行存储（快捷键：Ctrl+G）。（图 14-9）

图 14-9

### 步骤三：制作停止按钮

第一步，调出库（快捷键：Ctrl+L），右击暂停按钮元件选择"直接复制"，并将复制的元件命名为"停止"。（图 14-10）

图 14-10

第二步，新建图层 3，使用矩形工具 （快捷键：R），调整笔触颜色为无色 ，随机填充颜色为褐色 。绘制一个矩形用以将两个小矩形全部覆盖，进行存储（快捷键：Ctrl+G）。（图 14-11）

图 14-11

将图层 1 删除。

在图层 3 指针经过帧处右击选择"插入关键帧"（快捷键：F6）。（图 14-12）

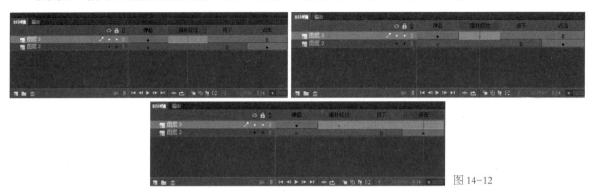

图 14-12

将矩形打散（快捷键：Ctrl+B），将填充颜色更改为深咖色，然后存储（快捷键：Ctrl+G）。（图 14-13）

图 14-13

### 步骤四：制作播放按钮

第一步，调出库（快捷键：Ctrl+L），右击暂停按钮元件选择"直接复制"，并将复制的元件命名为"播放"。（图 14-14）

图 14-14

第二步：新建图层 3，使用矩形工具（快捷键：R），调整笔触颜色为无色，随机填充颜色为褐色。绘制一个矩形。（图 14-15）

图 14-15

使用部分选取工具 （快捷键：A），任选矩形四角的一点，按删除键得到一个三角形。（图 14-16）

图 14-16

使用组合键 Ctrl+Alt+S 缩放和旋转，缩放大小不变，旋转角度为－45 度。得到播放按钮图形。（图 14-17）

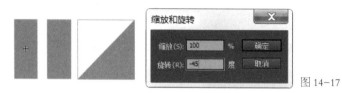

图 14-17

使用组合键 Ctrl+Alt+S 缩放和旋转，旋转角度不变，调整缩放大小到合适程度，且调整到合适位置。（图 14-18）

图 14-18

第三步，将图层 1 删除。

在图层 3 指针经过帧处右击选择"插入关键帧"（快捷键：F6）。（图 14-19）

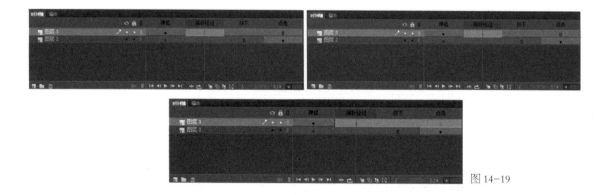

图 14-19

将三角形打散（快捷键：Ctrl+B），将填充颜色更改为深咖色 ，然后存储（快捷键：Ctrl+G）。（图 14-20）

图 14-20

## 步骤五：制作选项栏

第一步，回到场景 1，选择基本矩形工具  ，调整笔触颜色为无色  ，随机填充颜色为灰色  。绘制一个边缘圆滑的形状。（图 14-21）

图 14-21

第二步，回到场景 1，新建图层 2，分别将暂停按钮、停止按钮和播放按钮拖入舞台上。调出对齐面板（Ctrl+K），选择水平平均间隔，调整按钮的间距。（图 14-22）

图 14-22

调整大小与位置。（图 14-23）

图 14-23

第三步，新建图层 3，选择文本工具 T （快捷键：T），输入文字"蓝莲花"。
在属性—字符中可更改字符系列、字符大小与字母间距。（图 14-24）

图 14-24

第四步，在图层 1 中，将属性面板中的声音改为无。（图 14-25）

图 14-25

新建图层 4，将属性面板中的声音改为蓝莲花 .mp3，同步方式为数据流。（图 14-26）

图 14-26

则在图层 4 中可看到声音波纹，插入帧（快捷键：F5）直到包括全部声音波纹。（图 14-27）

图 14-27

第五步，新建图层 5，在第 3250 帧处插入空白关键帧（快捷键：F7）。

选择窗口—动作（快捷键：F9），选择窗口—代码片断。（图 14-28）

图 14-28

选择 ActionScript—时间轴导航—在此帧处停止。（图 14-29）

图 14-29

则停止命令添加完成，为图层 Actions，将图层 5 删除。（图 14-30）

图 14-30

### 步骤六：添加按钮命令

第一步，在图层 2 中，分别选中暂停按钮、停止按钮和播放按钮，在属性面板中将它们的实例名称分别改为"anniu_zt"" anniu_tz"和"anniu_bf"。（图 14-31）

图 14-31

选中按钮"停止"。

选择窗口—动作（快捷键：F9），选择窗口—代码片断。（图 14-32）

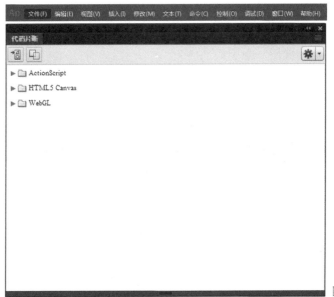

图 14-32

选择 ActionScript—时间轴导航—单击以转到帧并停止。（图 14-33）

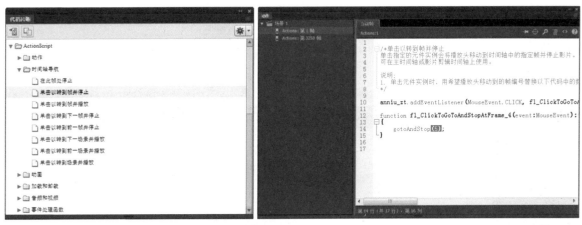

图 14-33

图 14-34

将 gotoAndStop（5）改为 gotoAndStop（1）。（图 14-34）

第二步，Ctrl+C 拷贝以上代码，Ctrl+V 粘贴。

将 "anniu_zt" 和 "anniu_bf" 改为 " anniu_tz"；

"fl_ClickToGoToAndStopAtFrame_4" 改为 "zanting"；

"gotoAndStop" 改为 "this.stop"。（图 14-35）

图 14-35

第三步，Ctrl+C 拷贝以上代码，Ctrl+V 粘贴。

将"anniu_zt"改为"anniu_bf"；

"fl_ClickToGoToAndStopAtFrame_4"改为"bofang"；

"gotoAndStop"改为"this.play"。（图 14-36）

图 14-36

## 第十五章　实例——图片控制基础视频

### 步骤一：前期准备工作

第一步，新建文件（Ctrl+N）。类型为 AS3.0；参数为 1280×720。（图 15-1）

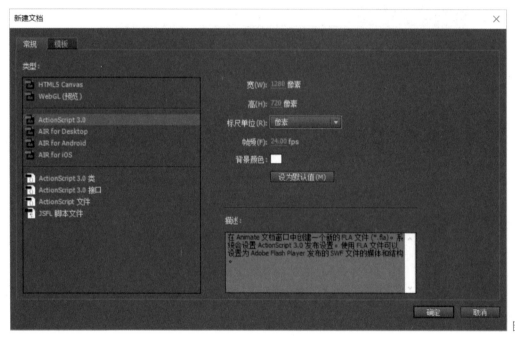

图 15-1

第二步，保存文件（Ctrl+S）。一开始就要做好保存的工作，在以后的操作中要习惯保存的动作，这样可以避免文件意外丢失。

### 步骤二：制作按钮

第一步，导入准备好的图片文件。选择文件—导入—导入到舞台（快捷键：Ctrl+R）。（图 15-2）

图 15-2

第二步，在第 1 帧处，将图片 001.jpg 拖入舞台。调出对齐面板（快捷键：Ctrl+K），分别选择水平中齐、垂直中齐，将导入的图片文件调整到舞台中心。图片 002.jpg、003.jpg、004.jpg 同理。（图 15-3）

图 15-3

第三步，新建一个元件，选择该元件为按钮元件（快捷键：Ctrl+F8），并命名为"控制按钮"。（图 15-4）

图 15-4

选择基本矩形工具 ，绘制一个圆角矩形。填充颜色 为浅灰色，调出对齐面板（快捷键：Ctrl+K），分别选择水平中齐、垂直中齐，将矩形图形调整到舞台中心。

将矩形打散，且删掉一半。（图 15-5）

图 15-5

第四步，选择墨水瓶工具 ，添加笔触颜色 。

插入关键帧（快捷键：F6）。在指针经过和按下处修改图形颜色。（图 15-6）

图 15-6

第五步，新建图层 2。选择矩形工具 （快捷键：R），调整笔触颜色为无色 ，填充颜色为深灰色 ，绘制一个正方形。

使用部分选取工具 （快捷键：A），任选矩形四角的一点，按删除键得到一个三角形。（图 15-7）

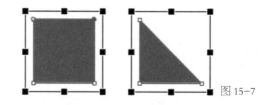

图 15-7

使用组合键 Ctrl+Alt+S 缩放和旋转，缩放大小不变，旋转角度为 45 度，得到播放按钮图形。（图 15-8）

图 15-8

使用组合键 Ctrl+Alt+S 缩放和旋转，旋转角度不变，调整缩放大小到合适程度，且调整到合适位置。在指针经过处将颜色修改为白色。（图 15-9）

图 15-9

### 步骤三：添加代码

第一步，回到场景 1，新建图层 2，将控制按钮拖入舞台上，且使用 Ctrl+C 拷贝，Ctrl+Shift+V 原地粘贴，并移动到合适位置。调整大小及位置。（图 15-10）

图 15-10

第二步，选中此两个控制按钮，在属性面板中将它们的实例名称分别改为 "ht" 和 "qj"。（图 15-11）

图 15-11

第三步，选择窗口—动作（快捷键：F9），选择窗口—代码片断。（图 15-12）

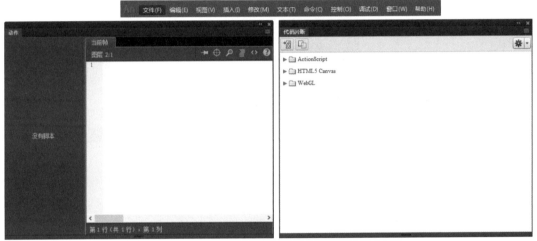

图 15-12

选中按钮 "qj"，选择 ActionScript—时间轴导航—单击以转到下一帧并停止。（图 15-13）

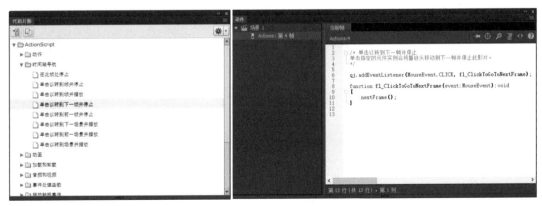

图 15-13

选中按钮 "ht"，选择 ActionScript—时间轴导航—单击以转到前一帧并停止。（图 15-14）

图 15-14

第四步，选择窗口—动作（快捷键：F9），选择窗口—代码片断。

选中图层 1 第 1 帧，选择 ActionScript—时间轴导航—在此帧处停止。（图 15-15）

图 15-15

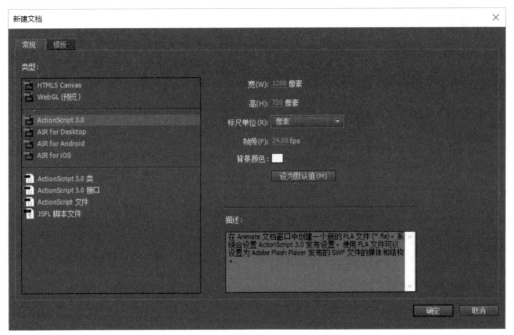

# 第十六章 实例——图片控制高级视频

## 步骤一：前期准备工作

第一步，新建文件（Ctrl+N）。类型为 AS3.0；参数为 1280×720。

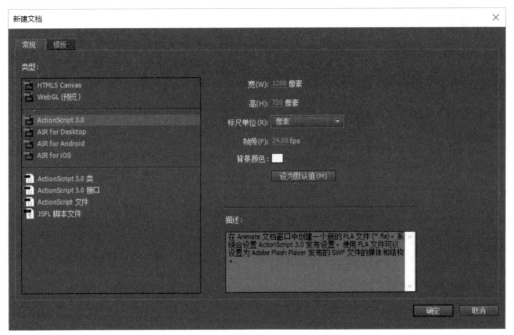

图 16-1

第二步，保存文件（Ctrl+S）。一开始就要做好保存的工作，在以后的操作中要习惯保存的动作，这样可以避免文件意外丢失。

## 步骤二：制作按钮 1

第一步，导入准备好的图片文件。选择文件—导入—导入到舞台（快捷键：Ctrl+R）。（图 16-2）

图 16-2

第二步，在第 1 帧处，将图片 001.jpg 拖入舞台。调出对齐面板（快捷键：Ctrl+K），分别选择水平中齐、垂直中齐，将导入的图片文件调整到舞台中心。图片 002.jpg、003.jpg、004.jpg 同理。（图 16-3）

图 16-3

第三步，新建一个元件，选择该元件为按钮元件（快捷键：Ctrl+F8），并命名为"元件 1"。（图 16-4）

图 16-4

选择矩形工具 ，调整矩形边角半径为 25，绘制一个圆角矩形。填充颜色 为浅灰色，调出对齐面板（快捷键：Ctrl+K），分别选择水平中齐、垂直中齐，将矩形图形调整到舞台中心。将矩形打散，且删掉一半。（图 16-5）

图 16-5

第四步，选择墨水瓶工具 ，添加笔触颜色深灰色 。
在属性—填充和笔触栏中将笔触数值调整为 4。（图 16-6）

图 16-6

点击图形，则边框添加完成。（图 16-7）

图 16-7

第五步，新建图层 2。选择矩形工具 （快捷键：R），调整笔触颜色为无色 ，填充颜色为深灰色
，绘制一个正方形。

使用部分选取工具 （快捷键：A），任选矩形四角的一点，按删除键得到一个三角形。（图 16-8）

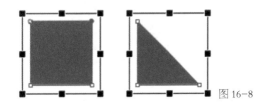

图 16-8

使用组合键 Ctrl+Alt+S 缩放和旋转，缩放大小不变，旋转角度为 45 度。得到播放按钮图形。（图
16-9）

图 16-9

右键使用任意变形，使用组合键 Ctrl+Alt+S 缩放和旋转，旋转角度不变，调整缩放大小到合适程度。
使用 Ctrl+C 拷贝，Ctrl+Shift+V 原地粘贴，并移动到合适位置。（图 16-10）

图 16-10

### 步骤三： 制作按钮 2

第一步，选择库中的元件 1，右键选择直接复制，并重命名为元件 2。（图 16-11）

图 16-11

第二步，将图形圆弧部分选中，删除。（图 16-12）

图 16-12

选中部分长方形，使用任意变形工具进行变形，至补全该矩形。（图 16-13）

图 16-13

选择墨水瓶工具 ，添加笔触颜色深灰色 。
在属性—填充和笔触栏中将笔触数值调整为 4。（图 16-14）

图 16-14

点击图形，则边框添加完成。

第三步，选择矩形工具 （快捷键：R），调整笔触颜色为无色 ，填充颜色为灰色 ，绘制一个长方形。

使用 Ctrl+C 拷贝，Ctrl+Shift+V 原地粘贴，并移动到合适位置。（图 16-15）

图 16-15

使用组合键 Ctrl+Alt+S 缩放和旋转，旋转角度不变，调整缩放大小到合适程度。

调出对齐面板（快捷键：Ctrl+K），分别选择水平中齐、垂直中齐，将矩形图形调整到舞台中心。（图 16-16）

图 16-16

## 步骤四：　制作按钮 3

第一步，选择库中的元件 2，右键选择直接复制，并重命名为元件 3。（图 16-17）

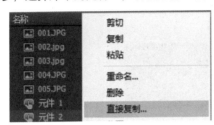

图 16-17

第二步，将图层 2 中的图形删除。

选择矩形工具 ▢ （快捷键：R），调整笔触颜色为无色 ✎，填充颜色为深灰色 ◣▢，绘制一个正方形。

使用部分选取工具 ▶ （快捷键：A），任选矩形四角的一点，按删除键得到一个三角形。（图 16-18）

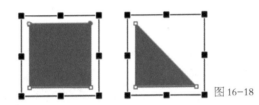

图 16-18

使用组合键 Ctrl+Alt+S 缩放和旋转，缩放大小不变，旋转角度为 45 度，得到播放按钮图形。（图 16-19）

图 16-19

右键使用任意变形，使用组合键 Ctrl+Alt+S 缩放和旋转，旋转角度不变，调整缩放大小到合适程度。（图 16-20）

图 16-20

## 步骤五：　制作按钮动画

第一步，新建影片剪辑元件（快捷键：Ctrl+F8），并命名为"按钮动画"。（图 16-21）

图 16-21

在第 1 帧处，将元件 1 拖入，调出对齐面板（快捷键：Ctrl+K），分别选择水平中齐、垂直中齐，调整到舞台中心。

在第 2 帧处，将元件 3 拖入，调出对齐面板（快捷键：Ctrl+K），分别选择水平中齐、垂直中齐，调整到舞台中心。（图 16-22）

图 16-22

第二步，新建图层 2，在第 1 帧处添加帧标签，且命名为"bofang"；在第 2 帧处添加帧标签，且命名为"zanting"。（图 16-23）

图 16-23

第三步，新建图层 3，选择窗口—动作（快捷键：F9），选择窗口—代码片断。（图 16-24）

图 16-24

选中图层 3 的第 1 帧、第 2 帧，选择 ActionScript—时间轴导航—在此帧处停止。（图 16-25）

图 16-25

**步骤六：添加代码**

第一步，回到舞台，新建图层 2。将元件 2 及元件按钮动画分别拖入，且调整大小及位置。（图 16-26）

图 16-26

第二步，分别选中此三个控制按钮，在属性面板中将它们的实例名称分别改为 "zdbf_anniu" "ht_anniu" 和 "qj_anniu"。（图 16-27）

图 16-27

第三步，新建图层 3，选择窗口—动作（快捷键：F9）。（图 16-28）

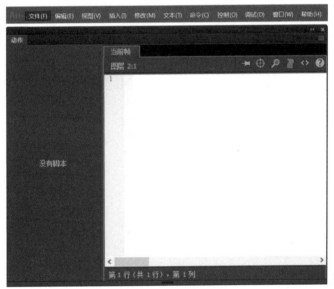

图 16-28

输入以下代码：

```
// USER CONFIG SETTINGS =====
var autoStart:Boolean = false; //true, false
var secondsDelay:Number = 5; // 1-60 秒自动播放延时
// END USER CONFIG SETTINGS
// EVENTS =====
```

```
zdbf_anniu.addEventListener(MouseEvent.CLICK, fl_togglePlayPause);
function fl_togglePlayPause(evt:MouseEvent):void
{
    if(zdbf_anniu.currentLabel == "bofang")
    {
            fl_startSlideShow();
            zdbf_anniu.gotoAndStop("zhanting");
    }
    else if(zdbf_anniu.currentLabel == "zhanting")
    {
            fl_pauseSlideShow();
            zdbf_anniu.gotoAndStop("bofang");
    }
}
qj_anniu.addEventListener(MouseEvent.CLICK, fl_nextButtonClick);
ht_anniu.addEventListener(MouseEvent.CLICK, fl_prevButtonClick);
function fl_nextButtonClick(evt:MouseEvent):void
{
    fl_nextSlide();
}
function fl_prevButtonClick(evt:MouseEvent):void
{
    fl_prevSlide();
}
var currentImageID:Number;
var slideshowTimer:Timer;
var appInit:Boolean;
function fl_slideShowNext(evt:TimerEvent):void
{
    fl_nextSlide();
}
// END EVENTS

// FUNCTIONS AND LOGIC =====
function fl_pauseSlideShow():void
{
```

```
        slideshowTimer.stop();
}
function fl_startSlideShow():void
{
        slideshowTimer.start();
}
function fl_nextSlide():void
{
        currentImageID++;
        if(currentImageID>= totalFrames)
        {
                currentImageID = 0;
        }
        gotoAndStop(currentImageID+1);
}
function fl_prevSlide():void
{
        currentImageID--;
        if(currentImageID< 0)
        {
                currentImageID = totalFrames+1;
        }
        gotoAndStop(currentImageID-1);
}

if(autoStart == true)
{
fl_startSlideShow();
zdbf_anniu.gotoAndStop("pause");
} else {
        gotoAndStop(1);
}
function initApp(){
        currentImageID = 0;
        slideshowTimer = new Timer((secondsDelay*1000), 0);
        slideshowTimer.addEventListener(TimerEvent.TIMER, fl_slideShowNext);
```

```
}
if(appInit != true){
    initApp();
    appInit = true;
}
// END FUNCTIONS AND LOGIC
```

此时，按 Ctrl+Enter 键进行预览，就制作完成了。

第十七章　实例——整体作品

案例分析：本章通过整体作品的制作学习，让初学者加深对 Animate 大部分工具的了解，并学习分场景的运用。

**步骤一：前期准备工作**

第一步，新建文件（快捷键：Ctrl+N）。参数为 1280 × 720，帧频为 12fps 的 AS3.0 文件（帧频改为 12fps 便于大型作品的操作）。（图 17-1）

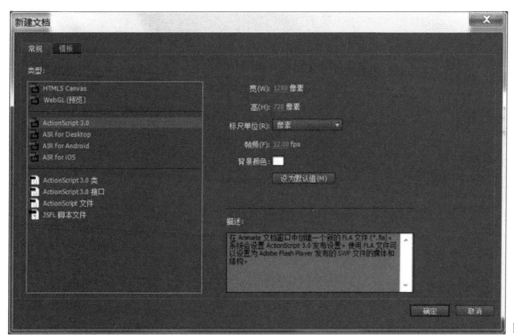

图 17-1

第二步，保存文件（Ctrl+S）。一开始就要做好保存的工作，在以后的操作中要习惯保存的动作，这样可以避免文件意外丢失。

**步骤二：导入图片文件**

第一步，在本次案例演示中，图片都进行了处理，故在此不做图片处理演示。

第二步，在场景中，我们可以看到此时舞台中只有一个场景，故在菜单栏窗口中，选择场景（快捷键：Shift+F2），新增 2 个场景，并将其分别改名为场景 0、场景 1、场景 2，如图 17-2 所示。

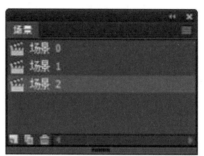

图 17-2

第三步，回到场景 0 中，导入图片（Ctrl+R）004，如图 17-3 所示。

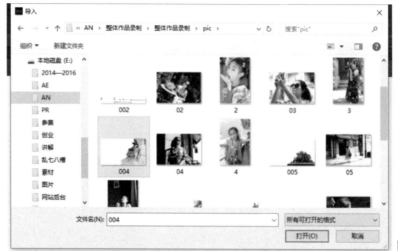

图 17-3

需要注意，将图片一一导入，不选择序列导入。

第四步，导入图片后，选中图片，将它对齐于舞台（Crtl+K），如图 17-4 所示。

图 17-4

第五步，将图片导入后，生成动画可以看到图片不是静止状态，此时是场景 0—2 在循环播放，所以我们将图片添加一个命令。在时间轴图层 1 上，新建图层 2，且在图层 2 上添加一个命令（F9）。打开代码片断，选择时间轴导航，在此帧处停止，如图 17-5 所示。

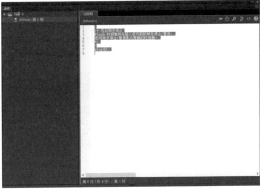

图 17-5

第六步，加入命令后，生成动画，可以看到就停止在了场景 0 中。

第七步，导入图片 002.png，将它拖曳到场景左下方，且为了整体上效果更佳，我们在菜单栏的文件中，找到发布设置选项，如图 17-6 所示，将 JPEG 品质改为 100。

图 17-6

此时场景 0 如图 17-7 所示。

图 17-7

### 步骤三：制作退出按钮动画

第一步，创建影片剪辑新元件（Crtl+F8），将其命名为"退出按钮动画"。

图 17-8

第二步，选择椭圆工具 ，绘制一个圆形，且复制一份（Crtl+D），将复制的一份更改颜色，进行打散拖曳，如图 17-9 所示。

图 17-9

第三步，选中月亮似的图形，Crtl+G 组合，将其拖曳到中心点上方，且 Crtl+D 复制一份，拖曳到中心点下方，将下方的月亮图形，Crtl+Alt+S，旋转 180 度，如图 17-10 所示。

图 17-10

第四步，选中所有月亮图形，将其组合，并复制一份（Crtl+D），将复制的一份（Crtl+Alt+S）旋转 30 度。重复此动作，如图 17-11 所示。

图 17-11

第五步，将其全部选中，组合（Crtl+G），再选中，按 F8 转换为图形元件，将其命名为"圆圈花纹"。（图 17-12）

图 17-12

第六步，在时间轴上的第 45 帧，添加一个实体关键帧 F6，并创建一个传统补间动画，且在补间中选择顺时针旋转。（图 17-13）

图 17-13

此时圆圈花纹是在顺时针方向旋转的。

第七步，在时间轴第 44 帧，添加一个实体关键帧，将第 45 帧删除，且选中中间一帧，将其补间"顺时针 ×1"改为"顺时针 ×0"，如图 17-14 所示。

图 17-14

此时圆圈花纹还是在旋转的，与之前不同的是，将会少一帧的卡顿。

第八步，新建一个影片元件，将其命名为"退出按钮动画总体"，将退出按钮动画拖曳进来，且 Crtl+K 对齐于舞台。

第九步，在时间轴上新建一个图层 2，在图层 2 上绘制一个圆形，如图 17-15 所示，将其调整到中心。

图 17-15

将图层 2 设置为遮罩层，得到如图 17-16 所示效果。

图 17-16

第十步，将其动画拖曳到场景中，观看效果，如图 17-17 所示。

图 17-17

第十一步，可以看到圆圈花纹的颜色与字体颜色不符合，所以我们回到动画总体，将圆圈花纹的色调更改为灰色，如图 17-18 所示。

图 17-18

第十二步，在动画总体中，在时间轴上新增一个图层，在第 1 帧上添加一个动作停止，F9 打开动作，打开代码片断，如图 17-19 所示。

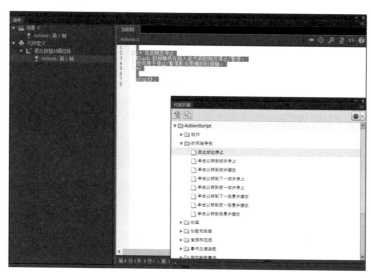

图 17-19

第十三步，回到场景中，得到如图 17-20 所示效果。

图 17-20

### 步骤四：制作退出动画按钮总体

第一步，选中动画按钮总体元件，在其时间轴上，选中总体第 2 帧，添加一个空白关键帧，如图 17-21 所示。

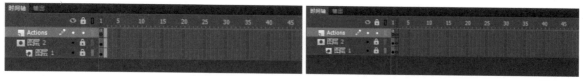

图 17-21

第二步，选中图层 2 中我们所绘制的圆形，Crtl+C 复制，并新建一个图层 3，在时间轴图层 3 上的第 2 帧，添加一个空白关键帧，将我们复制的圆形，Crtl+Shift+V 原地粘贴到图层 3 上的第 2 帧中。

第三步，继续选中圆形，将其复制一份 Crtl+D，更改复制的圆形颜色，并将其缩小 85%，对齐于舞台。如图 17-22 所示，选中中间的小圆，F8 将它转换为图形元件，且命名为"圆形图案"。

图 17-22

转换完成后，将小圆丢弃。

第四步，在图层 3 上的第 8 帧 F5 插入帧，且新建一个时间轴图层 4，在第 2 帧 F7 插入一个空白帧。

第五步，选中图层 4 的第 2 帧，导入我们的素材图片 001，Crtl+R，如图 17-23 所示。

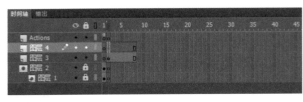  

图 17-23

可按照自身感觉调整大小。

第六步，点击圆圈，在属性中找到它的大小，如图 17-24 所示，可以看到在这里圆圈的长宽大小为 80.70。

图 17-24

第七步，回到图层 2 中的遮罩圆形，将遮罩圆形的宽高也更改为 80.70。（图 17-25）

 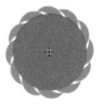

图 17-25

第八步，将图层 1 的圆圈花纹，按照遮罩圆形进行大小调整，得到的图形如图 17-26 所示。

图 17-26

第九步，回到场景 0 中，Crtl+Enter 生成动画，如图 17-27 所示。

图 17-27

可以看到左下角的圆圈花纹是在旋转的，圆圈花纹的大小可按照自身感觉调整。

第十步，回到退出按钮动画中，在图层 4 中的第 5 帧，添加一个实体关键帧（F6），将图层 4 的第 2 帧中的图形向右下方拖曳，如图 17-28 所示。

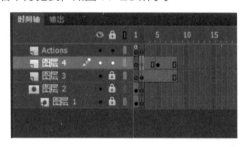

图 17-28

在图层 4 的第 2 帧和第 5 帧之间，选中其中一帧击右键，添加传统补间动画，得到如图 17-29 所示的效果。

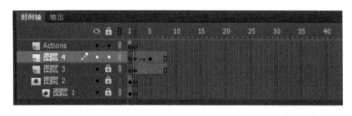

图 17-29

第十一步，在图层 4 上，添加一个图层 5，并在图层 5 的第 2 帧添加一个空白关键帧，选中空白关键帧，将我们之前转换为图形元件的圆形图案拖入，如图 17-30 所示。

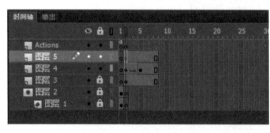

图 17-30

将图层 5 设置为遮罩层，可以得到如图 17-31 所示的图形。

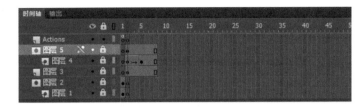   

图 17-31

将图层 3 的圆圈颜色进行更改，改为与圆圈花纹相符的灰色。（图 17-32）

图 17-32

我们需要将图片上所展示的女性的手臂也展示出来，可以看到我们遮罩后，她的手臂是被遮罩住的，所以我们在图层 5 的第 5 帧添加一个空白关键帧，在图层 5 上添加图层 6，图层 6 的第 5 帧也添加一个空白关键帧，将图层 4 中的第 5 帧，Crtl+C 复制，选中图层 6 的第 5 帧，Crtl+Shift+V 原地粘贴，则可以得到在最后一帧手臂展示出来的图形，如图 17-33 所示。

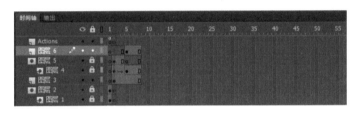   

图 17-33

此时我们可以看到图片中女性的衣服是在圆圈外的，我们需要细节性地将衣服放置在圆圈内，所以我们在图层 6 上，添加一个图层 7，同样在第 5 帧添加一个空白关键帧，将图层 3 中的圆框，Crtl+C 复制，原地粘贴到图层 7 的第 5 帧，并将它打散，删除到只余遮住衣物的一部分，如图 17-34 所示。

图 17-34

第十二步，在 Actions 命令图层中，在第 8 帧添加一个空白关键帧，并给一个停止命令（停止命令同之前步骤相同，在此不做图片演示），在 Actions 命令图层中，在第 2 帧添加一个空白关键帧并给它一个帧标签"dq001"，如图 17-35 所示。

图 17-35

选中所有图层，在第 15 帧插入帧（F5），在 Actions 命令图层中的第 9 帧添加一个空白关键帧，并给它一个帧标签"dq002"，在 Actions 命令图层中第 15 帧添加一个空白关键帧（F7），并给一个停止命令（停止命令同之前步骤相同，在此不做图片演示），如图 17-36 所示。

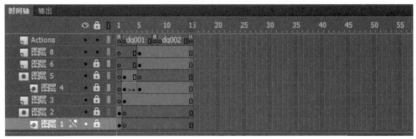

图 17-36

第十三步，可以看到在图层 4 和图层 5 中，我们制作的图片是女性探出圈中的动画，我们需要制作回到圈外的动画，所以我们在图层 5 的第 9 帧添加一个关键帧（F7），将第 2 帧的遮罩圆形原地粘贴到第 9 帧；在图层 6 的第 9 帧添加一个实体关键帧（F6），并在第 10 帧添加一个空白关键帧进行封帧；在图层 4 的第 9 帧添加一个空白关键帧，将第 5 帧的图形，原地粘贴到第 9 帧；在图层 4 的第 12 帧添加一个空白关键帧，将第 2 帧的图形，原地粘贴到第 12 帧； 选中图层 4 的第 9 帧到 12 帧中间的一帧，击右键创建传统补间动画，就得到回到圈外的动画，如图 17-37 所示。

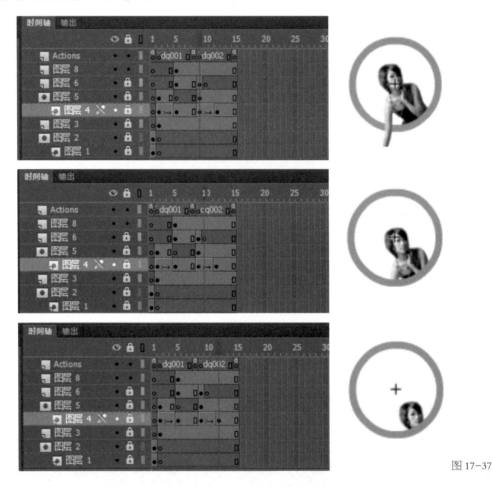

图 17-37

第十四步，在图层 5 上，添加一个图层，且在此图层的第 5 帧添加一个空白关键帧，运用文本工具，制作一个退出的标识，如图 17-38 所示。

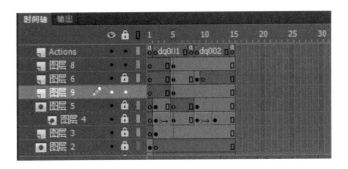

图 17-38

第十五步，回到场景 0 中，我们在场景中选中圆圈花纹图形，在场景中给它一个实例名称"dh1"，如图 17-39 所示。

图 17-39

在场景 0 中，在时间轴上添加一个图层 3，在图层 3 的第 1 帧，运用椭圆工具绘制一个圆形，将此圆形的宽高调整为与圆圈花纹图形的宽高一致。（图 17-40）

图 17-40

选中圆形，F8 转换为按钮元件，将其命名为"触动退出按钮"。（图 17-41）

图 17-41

且选中它，在场景中，给它一个实例名称 anniu1。（图 17-42）

图 17-42

将它透明 Alpha 值调整为 0。

第十六步，选中按钮，F9 动作，并打开代码片断，在代码片断中找到事件处理函数，选择 Mouse Over 事件，如图 17-43 所示。

图 17-43

其中 MouseEvent.MOUSE_OVER，代表的是鼠标悬停时执行命令。

将 trace(" 鼠标悬停 ");更改为 dh1.gotoAndPlay("dq001")，意为当鼠标悬停在 dh1 上时，跳转播放到帧标签 dq001 上，如图 17-44 所示。

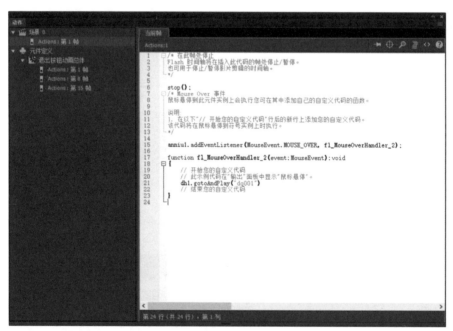

图 17-44

此时，我们得到的动画是，当鼠标悬停在圆圈花纹上时，显现出退出动画按钮，但鼠标离开时，没有动作效果。所以，我们继续选中图层 3 中的按钮，F9 动作，打开代码片断，找到事件处理函数，选择

Mouse Out，如图 17-45 所示。

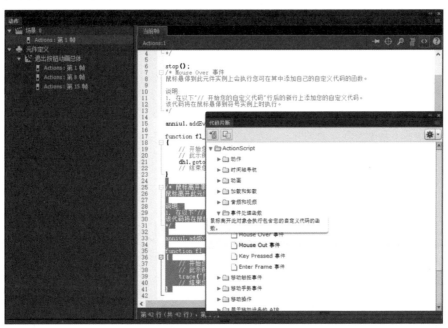

图 17-45

其中 MouseEvent.MOUSE_OUT 代表鼠标离开此元件实例会执行您可在其中添加自己的自定义代码的函数。

将 trace(" 鼠标已离开 "); 更改为 dh1.gotoAndPlay("dq001")，意为当鼠标悬停在 dh1 上时，跳转播放到帧标签 dq001 上。

此时，我们得到的动画是，当鼠标悬停在圆圈花纹上时，显现出退出动画按钮，在鼠标离开时，人物虽退回圆圈外，但其是停止的，所以我们要回到退出按钮动画总体元件中，将 Actions 命令图层中的第 15 帧的停止动作删除。此时我们就得到我们需要的效果，如图 17-46 所示。

鼠标悬停上的效果

鼠标离开的效果　图 17-46

## 步骤五： 制作个性化鼠标动画

第一步，新建一个影片剪辑元件 Crtl+F8，将其命名为 "个性化鼠标动画"。（图 17-47）

图 17-47

第二步，绘制一个羽毛图形，运用线条工具 ，按照自身感觉绘制，如图 17-48 所示。

图 17-48

运用颜料桶工具，将其进行填充，可运用渐变变形工具来调整它的颜色，主要调整同之前章节的个性化鼠标相同，在这里不多做解释，填充后，将我们绘制的黑色线条丢弃，得到如图 17-49 所示的图形。

图 17-49

第三步，我们将鼠标动画中的舞台颜色调整为灰色，方便我们制作光效效果，在时间轴上新建一个图层，将羽毛的一瓣复制到新建一图层中，调整其颜色，同在时间轴上再新建一个图层，将羽毛的另一瓣复制到新建一图层中，调整其颜色，得到如图 17-50 所示的图形。

图 17-50

第四步，在时间轴上新建一个图层，绘制光带效果，得到的图形如图 17-51 所示。

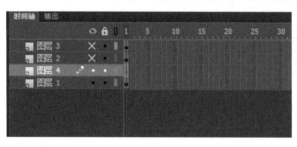

图 17-51

将绘制的光带，F8 转换为图形元件，将其命名为"光带"。

第五步，选中时间轴的所有图层，在所有图层的第 20 帧，插入帧（F5）。

第六步，调整图层 4 的第 1 帧光带的位置，在图层 4 的第 8 帧，添加一个关键帧，将第 8 帧的光带进行位置调整，在第 1 帧和第 8 帧间选择任意一帧，击右键创建传统补间动画，得到如图 17-52 和图 17-53 所示图形。

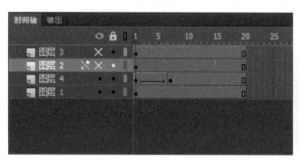

图 17-52

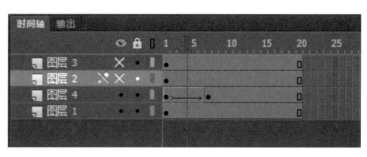

图 17-53

第七步，将图层 2 设置为遮罩层，就可以得到羽毛的上半边有光带的感觉。同理，在第 13 帧添加一个关键帧，将光带进行调整，得到如图 17-54 所示的动画。

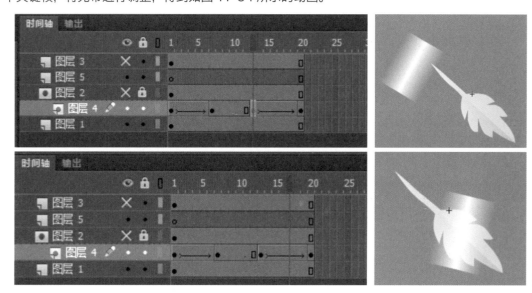

图 17-54

在遮罩下，得到的动画如图 17-55 所示。

图 17-55

同理，在图层 5 的第 7 帧添加一个空白关键帧，将光带拖入，进行调整，在第 12 帧添加关键帧，选中其中任意一帧，击右键，创建传统补间动画，再将图层 3 设置为遮罩层，得到如图 17-56 所示图形。

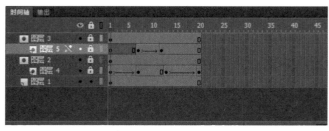

图 17-56

第八步，选中图层 1 的羽毛图形，将其转换为图形元件（F8），并命名为"鼠标形状"。

第九步，我们在库中，找到鼠标形状的图形元件，选中，击右键，直接复制，将其命名为"鼠标形状透明"。（图 17-57）

图 17-57

在鼠标形状透明的元件中，我们将其颜色直接更改为灰色，得到如图 17-58 所示的图形。

图 17-58

第十步，回到个性化鼠标动画影片元件，在时间轴上新建一个图层 6，将此图层拖曳到所有图层的下方，选中第 1 帧，将鼠标形状透明的图形元件，拖曳到舞台中，并调整其位置，得到如图 17-59 所示图形。

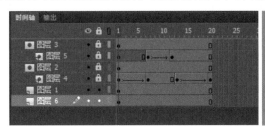 

图 17-59

第十一步，回到场景 0 中，在场景 0 中的时间轴上新建一个图层，将其命名为"鼠标"，将我们刚刚制作的个性化鼠标动画拖入，并将其进行缩小，给它实例名称，如图 17-60 所示。

图 17-60

第十二步，生成动画，可以看到我们已经将鼠标放入动画界面中了，但我们还没有给鼠标命令动作，所以选中鼠标图层中的第 1 帧，F9 动作，在动作面板中，添加代码动作：

```
Mouse.hide();
stage.addEventListener(MouseEvent.MOUSE_MOVE, moveThatMouse);
function moveThatMouse(evt: MouseEvent): void {
    jiazaisb.x = stage.mouseX;
```

jiazaisb.y = stage.mouseY;

evt.updateAfterEvent();

}

其中，Mouse.hide 为隐藏系统鼠标：

jiazaisb.x = stage.mouseX; 和 jiazaisb.y = stage.mouseY; 为与系统鼠标对应。

第十三步，添加全屏命令：

stage.displayState = StageDisplayState.FULL_SCREEN; // 全屏显示

stage.scaleMode = StageScaleMode.NO_SCALE; // 原始大小

如图 17-61 所示。

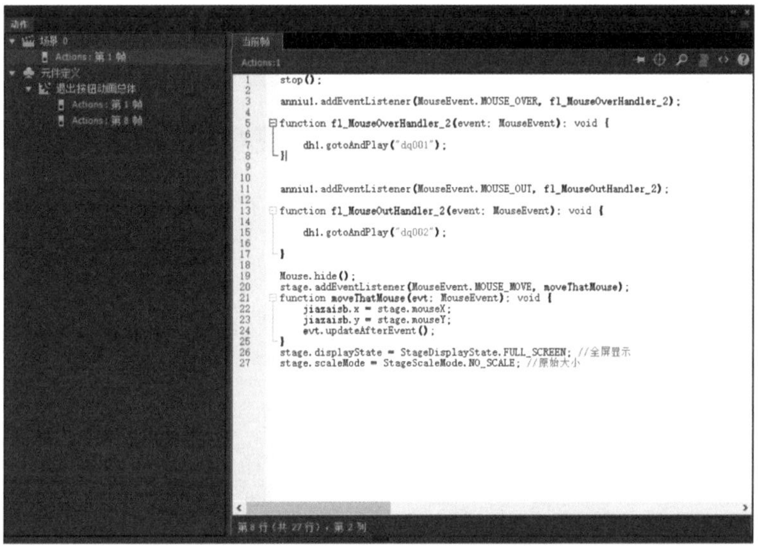

图 17-61

第十四步，生成动画后，我们可以看到，已经得到我们所要的效果。但在鼠标触控在退出键时，点击退出没有效果，现在我们需要制作鼠标点击退出全屏的效果，所以我们选中退出效果动画，F9 动作，打开代码片断，找到事件处理函数，选择 MouseEvent.CLICK 事件，如图 17-62 所示。

图 17-62

将 trace(" 已单击鼠标 ");更改为 fscommand("quit"); 。（图 17-63）

图 17-63

此时，我们点击 Swf，观看效果，在鼠标点击退出后，则 Swf 关闭。

## 步骤六：制作菜单栏

第一步，新建一个按钮元件（Crtl+F8），将它命名为"音乐聆听按钮"，如图 17-64 所示。

图 17-64

第二步，在音乐聆听按钮的元件中，选中时间轴弹起，运用文字工具，打上音乐聆听，并按照自身感觉调整大小和颜色，在这里字体为宋体，大小是 16 磅，颜色为灰色，如图 17-65 所示，将其对齐于舞台。

图 17-65

选中音乐聆听，在属性中找到字符，设置为位图文本（无消除锯齿）。（图 17-66）

图 17-66

第三步，在指针经过和点击上，添加一个实体关键帧，如图 17-67 所示。

图 17-67

将指针经过中的字体颜色更改为黄色，如图 17-68 所示。

图 17-68

第四步，在时间轴上添加图层 2，在图层 2 的弹起运用文字工具添加一个符号，如图 17-69 所示。

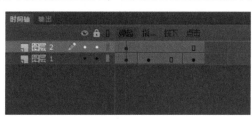

图 17-69

在图层 2 指针经过处添加一个实体关键帧（F6），得到如图 17-70 所示效果。

图 17-70

第五步，添加符号闪烁效果，选中图层 2 中的括号，F8 转换为影片元件，将其命名为"按钮括号动画"，到按钮括号动画元件中，我们首先将其组合（Crtl+G），然后在时间轴图层 1 的第 2 帧中，添加一个空白关键帧，这时候我们得到的就是一个在闪烁的括号。回到音乐聆听按钮元件中，将按钮括号动画调整位置。回到场景中，将音乐聆听按钮拖曳到场景 0 中，得到如图 17-71 所示效果。

图 17-71

第六步，将音乐聆听按钮元件直接复制，并将复制的元件命名为"美图赏析按钮"，如图 17-72 所示。

图 17-72

在美图赏析按钮中，我们将之前的音乐聆听更改为美图赏析，得到如图 17-73 所示效果。

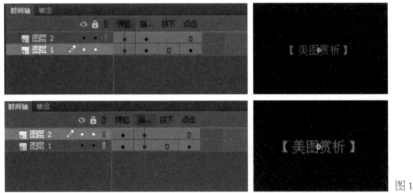

图 17-73

第七步，回到场景 0 中，将美图赏析按钮拖曳进来，得到如图 17-74 所示效果。

图 17-74

需要注意，在将两个按钮拖曳到场景中时，需要在场景的时间轴上添加一个图层，将两个按钮拖曳到新图层上。

### 步骤七： 制作菜单栏点击场景跳转

第一步，在本章开始制作时，我们就已经添加了三个场景，分别为场景 0、场景 1、场景 2，所以现在我们要制作的是场景 1，即鼠标点击音乐聆听后跳转的场景。首先我们进入场景 1 中，导入（Crtl+R）图片 005，如图 17-75 所示。

图 17-75

第二步，我们要将场景 0 中左下角的效果，同样复制到场景 1 中，所以我们回到场景 0，选中左下角的图片和按钮，将其复制，再回到场景 1 中，Crtl+Shift+V 原地粘贴，则得到如图 17-76 所示效果。

图 17-76

第三步，在库中找到退出按钮动画，新建一个按钮元件，将其命名为"返回按钮"。将退出按钮动画拖入返回按钮元件中的图层 1 弹起中，在图层 1 指针经过中，添加一个实体关键帧（F6），并将其放大（Crtl+Alt+S）104%，且添加一个图层 2 在图层 2 的指针经过帧中，运用文字工具，输入返回，将其调整到舞台中心，得到如图 17-77 所示效果。

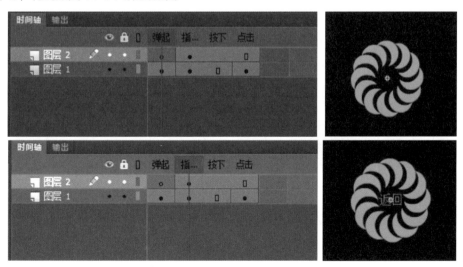

图 17-77

第四步，回到场景 1 中，将返回按钮拖曳到场景 1 中，并调整它的大小与位置（尽量与之前的退出按钮动画总体在场景 0 中的位置和大小一致），得到如图 17-78 所示效果。

图 17-78

第五步，生成动画，可以发现我们生成的动画只有场景 0 的动画，所以我们现在要添加命令，在场景 0 中点击音乐聆听按钮便跳转到场景 1 中。首先，我们回到场景 0 中，选中音乐聆听，给它一个实例名称为 yinyuean，选中音乐聆听，F9 动作，打开代码片断，在时间轴导航中找到单击以转到场景并播放。（图 17-79）

图 17-79

将其中的 MovieClip(this.root).gotoAndPlay(1, " 场景 3"); 中的场景 3 改为场景 1。（图 17-80）

图 17-80

回到场景 1 中，新建一个图层，在第 1 帧中，F9 动作，代码片断，在此帧处停止。

此时生成动画，在点击音乐聆听时，就会跳转到场景 1 中。但跳转到场景 1 中时，我们缺少鼠标，所以我们需要回到场景 0 中，在时间轴上选中鼠标层，选中鼠标层的鼠标帧，击右键复制帧。继续回到场景 1 中，新建一个图层，在新建图层的第 1 帧中击右键，粘贴帧，便得到场景 1 中的鼠标了。

第六步，我们打开场景 2，在场景 2 中导入（Crtl+R）006 图片、007 图片，得到如图 17-81 所示效果。

图 17-81

导入后，在时间轴上添加一个图层，在第 1 帧上给一个停止的命令，同之前的停止命令一样。

回到场景 0 中，点击美图赏析按钮帧，给它一个实例名称为，meituan，在场景 1 中同样也给它一个实例名称 meituanniu。

回到场景 0 中，点击美图赏析按钮帧，同音乐聆听按钮一样，F9 命令，代码片断，在时间轴导航中找到"单击以转到场景并播放"，可以得到如图 17-82 所示效果。

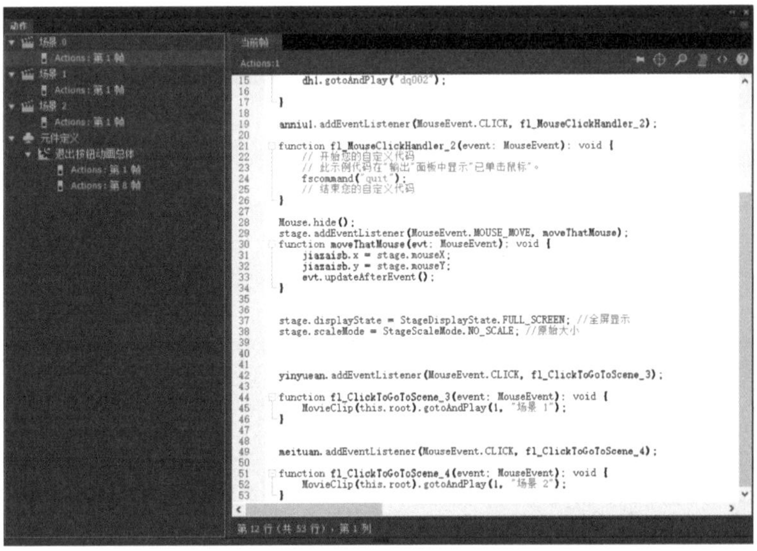

图 17-82

生成动画后，如图 17-83 所示。

图 17-83

点击音乐聆听按钮后如图 17-84 所示。

图 17-84

点击美图赏析按钮后如图 17-85 所示。

图 17-85

但可以看到在跳转到场景 2 上时，同样缺少鼠标，所以我们同之前在场景 1 中添加鼠标一样，直接复制到场景 2 中。

第七步，回到场景 1 中，我们将场景 1 中的左下角的效果选中，并直接复制帧，回到场景 2 中，粘贴帧，则得到如图 17-86 所示效果。

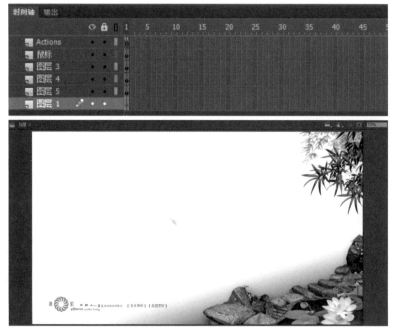

图 17-86

需要注意在复制帧时，鼠标图层要在其他图层上面。

第八步，现在我们需要做的是在场景1、场景2中，点击返回按钮，可以返回到场景0中，所以我们回到场景1中，选中返回按钮的帧，给一个实例名称为 fanhui，继续选中，F9 动作，打开代码片断，同之前步骤相同，在时间轴导航中找到"单击以转到场景并播放"，再将命令中的场景3更改为场景0，如图17-87 所示。

图 17-87

同理在场景2中，我们也给返回按钮加命令，则可以得到在跳转到场景1中，点击返回按钮就跳转到场景0中，在场景2中，点击返回按钮跳转到场景0中。

继续，我们在场景1中，选中美图赏析按钮，给一个单击以转到场景并播放的命令，将命令中的场景3改为场景2，此时我们得到的在场景1中也可以点击按钮切换场景；同理在场景2中，我们也需要给音乐聆听按钮的命令，即在场景2中，点击音乐聆听按钮可以切换到场景1。（在此不做演示）

此时，我们的菜单栏场景切换就整体制作完成了。

### 步骤八：制作场景1的效果动画

第一步，我们新建一个图形元件（Ctrl+F8），将其命名为白云，在白云图形元件中，导入（Crtl+R）图片008，如图17-88 所示。

图 17-88

第二步，我们现在需要在场景1的上方，添加一个白云飘在天空上的效果（具体可参照前面章节中的水倒影）。所以我们新建一个影片元件，将其命名为"白云动画"，在影片元件中，我们将图形元件白云拖入并将其对齐舞台，在时间轴上新建一个图层2，将图层1中的白云，Ctrl+C 复制，回到图层2中，Ctrl+Shift+V 原地粘贴，重复此动作粘贴两次，将第二次粘贴的向右拖曳，且与第一次粘贴的拼合在一起，如图17-89 所示。

图 17-89

拼合后，将其 Ctrl+G 组合，F8 转换为图形元件，将其命名为"白云拼合"。

这时候，我们在图层 2 的第 2000 帧，添加一个实体关键帧（F6），并将 2000 帧中的白云拼合图形，拖曳到与图层 1 中的白云重合，且在重合后，将第 2000 帧的白云拼合图形，向右移动（一帧的距离）。然后在第 1 帧至第 2000 帧中，任意选择一帧，击右键创建传统补间动画。将图层 1 删除，则得到一个向左飘动的云。

第三步，回到场景 1 中，我们将白云动画拖曳到场景 1 中（注意需要新建图层，再进行拖曳），拖曳后，将白云动画的大小进行更改（Ctrl+Alt+S），放大 140，将其对齐，如图 17-90 所示。

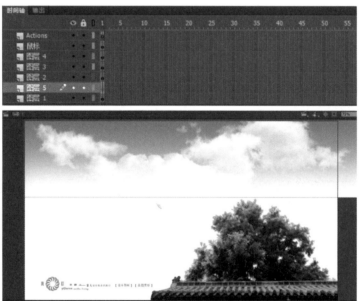

图 17-90

第四步，可以看到，我们还有一部分的白云是在场景外的，所以我们现在需要给白云动画一个遮罩层，在图层 5 上新建一个图层，运用矩形工具绘制一个 1280×720 的矩形，将其设置为遮罩层，如图 17-91 所示。

图 17-91

此时生成动画，在场景 0 中点击音乐聆听按钮，我们就可以得到一个白云在飘动的场景 1。

第五步，在白云飘动下，我们现在还需要制作一个树叶飘落的动画，在这里，我们直接运用之前制作的树叶（在此不做图片文字演示），打开文件夹中的树叶，选中文档树叶场景 1 中的帧，Ctrl+C 复制（或者击右键复制帧），回到我们制作的整体作品中，打开场景 1，在场景 1 的时间轴上，新建一个图层（注意图层在鼠标图层的下方），Ctrl+Shift+V 原地粘贴，我们则得到在场景 1 中，白云飘动，右下方的树，树叶在飘落的效果了（可按照自身感觉调整树叶位置和大小）。

第六步，在动画效果都制作完成后，我们现在需要制作的是音乐效果。我们在文件夹中准备了四首歌曲，所以首先我们要为这四首歌曲制作按钮，Ctrl+F8 创建新元件，这里我们创建一个按钮元件将其命名为"音乐——卷珠帘（霍尊）"，在按钮元件中的弹起帧，我们运用文字工具，打入"卷珠帘·（霍尊）"（字体颜色不做要求，可按自身感觉调整）。在这里我们运用的是宋体 12 磅灰色（需要注意，将消除锯齿调整为位图文体），且调整位置到舞台中心，如图 17-92 所示。

图 17-92

在指针经过上添加一个实体关键帧（F6），点击上添加一个实体关键帧（F6），且在指针经过帧中，将字体颜色进行更改，在这里我们将其更改为橙色，如图 17-93 所示。

图 17-93

在时间轴上新建一个图层 2，且将图层 2 拖曳到图层 1 下方，在图层 2 点击上添加一个空白关键帧（F7），在点击帧上，运用矩形工具，绘制一个矩形，如图 17-94 所示。

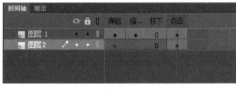 

图 17-94

同理，我们制作其他三首音乐的按钮（可在库中直接复制，然后在元件中修改文字即可）。

回到场景 1 中，我们在时间轴上新建一个图层，将四个音乐按钮元件拖曳到新图层上，得到如图 17-95 所示的效果。

（a）

图 17-95

（b）

可以按照自身感觉调整按钮大小和位置。

第七步，将"音乐——卷珠帘（霍尊）"按钮元件直接复制，在复制时将其类型改为图形元件，如图 17-96 所示。

图 17-96

此时，在我们复制的图形元件中，时间轴如图 17-97 所示。

图 17-97

我们需要将图层 2 删除，且将图层 1 的第 1 帧和 3、4 帧，删除，得到如图 17-98 所示效果。

图 17-98

然后在时间轴上新建一个图层，在图层上，运用椭圆工具，绘制一个小圆，组合（Ctrl+G），如图 17-99 所示。

图 17-99

同理，相同步骤，我们将其他音乐按钮，也添加一个图形元件。

回到场景 1 中，选中时间轴上所有图层，将其添加帧，在这里，我们选中了 105 帧，插入帧（F5），并在图层 7 上，添加一个图层 8，在图层 8 的第 10 帧添加一个空白关键帧，将我们刚刚制作的音乐——卷珠帘（霍尊）图形元件拖曳进来，且将其与将拖曳进来的按钮元件对齐大小，如图 17-100 所示。

图 17-100

在图层 8 上，又添加一个图层，我们现在将音乐导入图层 9 的第 10 帧中，(Ctrl+R) 导入，选中音乐后得到如图 17-101 所示效果。

图 17-101

导入后，我们需要将导入的音乐，在属性中，把同步—事件更改为同步—数据流，且我们要在时间轴上，将帧数添加到音乐结束。

第八步，我们在动作 Actions 图层上的第 10 帧添加一个空白关键帧，并给一个帧标签为 yinyue001，并将图层 7 中的 4 个音乐按钮，分别给它们实例名称 yinyue01、yinyue02、yinyue03、yinyue04；在音乐停止的帧上（此为 2050 帧），在动作 Actions 图层上添加一个空白关键帧，并给它一个停止的命令，如图 17-102 所示。

图 17-102

在图层 8、图层 9 的第 2051 帧上添加一个空白关键帧，且在动作 Actions 图层的 2051 帧上添加一个空白关键帧，且给它一个帧标签为 yinyue002，在图层 9 的 3607 帧上，导入音乐生如夏花，且同之前导入卷珠帘相同，在时间轴上将帧数添加到音乐结束。

也同理在生如夏花音乐结束的帧上（此为 5650 帧），在动作 Actions 图层上添加一个空白关键帧，并给它一个停止的命令。且在 5651 帧上添加一个空白关键帧，给它一个帧标签为 yinyue003，同导入生如夏花音乐一样，同理导入余下的两首音乐。（需要注意在每次音乐结束时，都要给一个停止的命令，且在下一帧给一个帧标签）

第九步，在音乐都导入过后，我们现在需要制作的就是在点击音乐按钮时，可以跳转到相应歌曲播放，所在我们在场景 1 中，选中卷珠帘的按钮（在之前我们已经给予它相应的实例名称），F9 动作，打开代码片断，选中单击以转到帧并播放。（图 17-103）

图 17-103

将其中的 gotoAndPlay(5) 更改为 gotoAndPlay("yinyue001"），此意为单击后跳转到帧标签 yinyue001 播放。同理我们增加其他命令，如图 17-104 所示。

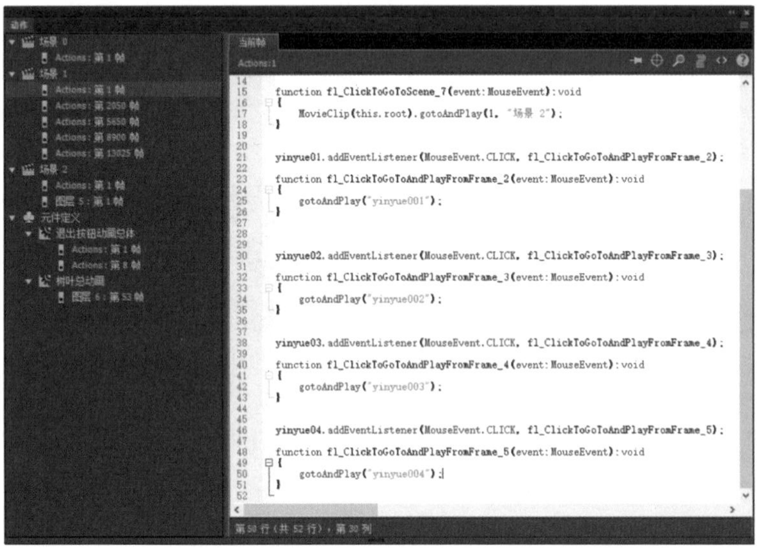

图 17-104

此时，我们生成动画后，在点击音乐聆听时，就可得到如图 17-105 所示效果。

图 17-105

在鼠标点击卷珠帘时，便播放卷珠帘音乐，在点击生如夏花时，便开始播放生如夏花音乐。

第十步，现在我们需要在场景 1 中制作的是停止、暂停、播放音乐的按钮，所以我们新建一个按钮元件，将它命名为"停止按钮"，在停止按钮元件中，我们运用矩形工具，绘制一个橙色的小正方形，且在指针经过帧中添加一个实体关键帧（F6），在点击帧中添加一个实体关键帧，且在指针经过帧中，将矩形的颜色调整为灰色，如图 17-106 所示。

图 17-106

同理我们制作暂停按钮和播放按钮（只需将其形状做改变）。

制作完成后，我们回到场景 1 中，在场景 1 中新建一个图层，且将停止按钮、暂停按钮、播放按钮拖曳到新建图层中，调整其大小和位置，并逐一给它们实例名称，分别为 anniu_tz、anniu_zt、anniu_bf，调整后如图 17-107 所示。

图 17-107

然后我们需要给这三个按钮一个命令，停止按钮的命令为单击以转到帧并停止，暂停按钮的命令为 Mouse Click 事件，播放按钮的命令也为 Mouse Click 事件。但在命令中，暂停按钮需要添加 this.stop；播放按钮需要添加 this.play。命令如图 17-108 所示。

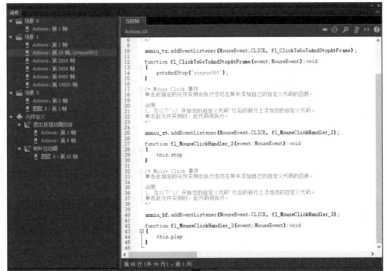

图 17-108

同理我们在同图层的第 2651 帧添加这三个按钮，同样的添加命令，只需要将停止命令中的 gotoAndStop（"yinyue001"）更改为 gotoAndStop（"yinyue002"），将后面的 Mouse Click 事件删除。

在同图层的 5651 帧添加三个按钮，同样的添加命令，只需要将停止命令中的 gotoAndStop（"yin

yue 001"）更改为 gotoAndStop（"yinyue003"），将后面的 Mouse Click 事件删除。

在同图层的 8901 帧添加三个按钮，同样的添加命令，只需要将停止命令中的 gotoAndStop（"yinyue 001"）更改为 gotoAndStop（"yinyue004"），将后面的 Mouse Click 事件删除。

这里我们的场景 1 中的动画和音乐播放内容就已经完成了。（需要注意在整个场景 1 中的图层中，我们的鼠标图层必须都在其他图层的上方）

### 步骤九： 制作场景 2 中的效果动画

第一步，我们进入场景 2 的舞台中，首先我们可以看到右下角是一个池塘的图片，所以在这里，我给它配上了一个蝴蝶的动画，同场景 1 相同，我们直接运用之前制作的蝴蝶（在此不做图片文字演示），打开文件夹中的蝴蝶 .fla，选中文档蝴蝶场景 1 中的帧，Ctrl+C 复制（或者击右键复制帧），回到我们制作的整体作品中，打开场景 1，在场景 1 的时间轴上，新建一个图层 (注意图层在鼠标图层的下方),Ctrl+Shift+V 原地粘贴，我们则得到场景 2 中，池塘上方飞舞着蝴蝶的效果了。可按照自身感觉调整蝴蝶位置和大小，如图 17-109 所示。

图 17-109

第二步，下面我们就要开始制作美图赏析场景中的图片内容了，我们首先导入所需要的图片，在导入后图片便都在场景中，所以我们先将它们选中，并在场景中丢掉。然后新建一个影片元件，将其命名为"画框动画"。在画框动画元件中，我们首先将图片 0001 拖曳到元件中，将其对齐于舞台（需要注意，我们所有导入的图片在发布设置中都要调整为最高品质），然后新建一个图层 2，在图层 2 中的第 2 帧添加一个空白关键帧，将图片 0002 拖曳到场景中，与 0001 对齐，这个时候的效果如图 17-110 所示。

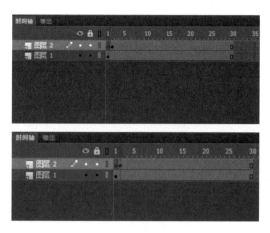

图 17-110

第三步，在图层 2 的第 11 帧上添加一个空白关键帧（F7），将图片 0003 拖曳到此空白关键帧中，与 0001 对齐，这个时候的效果如图 17-111 所示。

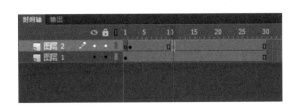

图 17-111

同理，在第 21 帧添加一个空白关键帧（F7），将图片 0004 拖曳到此空白关键帧中，与 0001 对齐，这个时候的效果如图 17-112 所示。

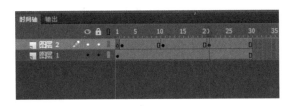

图 17-112

可以看到第 2 帧时是第 1 张相册画框跳出，第 11 帧时是第 2 张相册画框跳出，第 21 帧时是第 3 张相册画框跳出。

第四步，新建一个图层 3，在第 1 帧添加命令停止，在第 2 帧给一个空白关键帧，并给一个帧标签 huakuang1；同理，在第 11 帧给一个空白关键帧，并给一个帧标签 huakuang2；在第 21 帧给一个空白关键帧，并给一个帧标签 huakuang3；在第 1 帧给一个帧标签 huakuang0。且在命令 Actions 图层上，给第 10 帧、第 20 帧、第 30 帧分别一个停止命令。（可以选择在第 11 帧和第 21 帧给一个空白关键帧，会更加清晰地看到命令）

第五步，回到场景 2 中，新建一个图层，将我们刚刚制作的画框动画，拖曳到场景 2 的新建图层中，并调整它的位置，可以得到如图 17-113 所示的效果。

图 17-113

第六步，在场景 2 的时间轴图层上继续新建一个图层，运用线条工具，将第一个画框勾勒出来，并填充，同理勾勒第 2 个画框和第 3 个画框，并填充（需要注意填充颜色分别为三种颜色，在填充后将线条删除）。

每一个勾勒填充的图形，都将其组合（Ctrl+G），得到如图 17-114 所示的效果。

图 17-114

我们选中红色图形，F8 转换为元件，将其转换为按钮元件，且命名为"画框按钮 1"，同理将黄色图形、蓝色图形，转换为按钮元件，且命名为"画框按钮 2""画框按钮 3"。且在场景 2 中，分别给它们三个图形一个实例名称为 kuang_an01、kuang_an02、kuang_an03。将这三个图形的色彩效果样式全部调整为透明（Alpha 值设置为 0）。

第七步，在场景 2 的时间轴上，延长所有图层的帧，在这里我延长到第 66 帧，且在 Actions 命令图层中，在第 8 帧添加一个空白关键帧，并给一个帧标签 tp_001，同理在第 25 帧、43 帧给帧标签 tp_002、tp_003。（图 17-115）

图 17-115

在图层 7 上添加一个图层，此时我们在此图层上做的是第一组图片，在新建的图层上的第 8 帧添加一个空白关键帧，将我们需要展示的第 1 组图片导入库中，可以看到导入后所有的图片都在场景中，所以我们先要将这组图片在场景中丢掉。然后先将图片 001 拖曳到场景 2 中，且拖曳到新建图层中的第 8 帧，这个时候，我们打开命令（F9），先给一个停止的命令。

然后选中我们刚才勾勒填充的画框按钮 1，F9 命令，代码片断，选中"单击以转到帧并播放"，将命令中 gotoAndPlay("5"); 更改为 gotoAndPlay("tp_001")。

此时生成动画，我们在场景 2 中，点击第一个画框便可得到如图 17-116 所示效果。

图 17-116

我们继续回到场景 2 中，在我们刚刚添加图片的图层 8 中的第 9 帧，添加一个实体关键帧，然后交换位图，交换另一张图片；同理再添加两个实体关键帧，得到如图 17-117 所示效果。

图 17-117

余下两帧则同样转换了图片（在此不做图片演示）。需要注意在最后一张图片的后一帧添加一个空白关键帧进行封帧。

第八步，在场景中导入了第一组的图片，现在我们需要制作一个控制图片的按钮。

首先在图层 8 上新建一个图层，这里为图层 9，然后 Crtl+F8 创建新元件，我们需要创建一个按钮元件，在这里我们将其命名为图片控制按钮（前进后退），在此按钮元件中，我们绘制一个如图 17-118 所示的图形。

 图 17-118

在指针经过帧中将其颜色调整为如图 17-119 所示。

 图 17-119

我们回到场景 2 中，在图层 9 的第 8 帧添加一个空白关键帧，将我们刚才制作的图片控制按钮拖曳到图片下方，调整其位置和大小如图 17-120 所示。

图 17-120

选中按钮，复制（Ctrl+C），Ctrl+Shift+V 原地粘贴，然后将粘贴的按钮旋转 180 度，得到如图 17-121 所示效果。

图 17-121

在场景 2 中，分别给这两个按钮一个实例名称为 tphoutui_anniu、tpqianjin_anniu，在给命令后，分别选中其中一个按钮，F9 命令，分别给命令为"单击以转到下一帧并停止"和"单击以转到前一帧并停止"，如图 17-122 所示。

图 17-122

回到场景 2 中，在图层 9 上新建一个图层，在这里为图层 10，在图层 10 的第 8 帧，选中图层 9 的前进按钮，Ctrl+C 复制，回到图层 10 的第 8 帧，Ctrl+Shift+V 原地粘贴，同理选中图层 9 的后退按钮，Ctrl+C 复制，回到图层 10 的第 11 帧，Ctrl+Shift+V 原地粘贴，且在每一帧后面都进行封帧（需要注意将粘贴过来的按钮元件的实例名称删除），如图 17-123 所示。

图 17-123

此时生成动画，能够看到我们的前进后退按钮可以控制图片了。

第九步，可以看到我们的第一个画框所呈现的第一组图片已经完成，所以接下来我们所需要制作的是第二个画框所呈现的图片。

首先，我们创建一个新元件，影片剪辑元件，将其命名为直接调用图片序列。在此元件中，我们现在需要运用一串代码为调用图片，所以在我们准备的文件夹中，找到"直接调用图片序列代码"将其复制到直接调用图片序列的第 1 帧中，如图 17-124 所示：

图 17-124

可以看到其中"pic/01.jpg"，"pic/02.jpg"，"pic/03.jpg"，"pic/04.jpg"，"pic/05.jpg"即为调用的图片。

我们回到场景 2 中，在图层 10 的第 25 帧添加一个空白关键帧，然后将直接调用图片序列元件拖曳到左上方（需要调整其位置与第一组图片的位置一致，可用 XY 轴来调整），此时我们在场景中是看不到调用的图片的。

在 Actions 命令图层的第 25 帧中，给一个停止的命令，再选中之前所做的画框按钮 2，我们希望在点击这个按钮的时候直接跳转到第 25 帧播放，所以选中它，F9 命令，代码片断，选中"单击以转到帧并播放"。将 gotoAndPlay("5");更改为 gotoAndPlay("tp_002");，如图 17-125 所示。

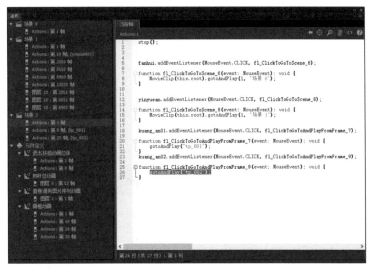

图 17-125

此时，我们生成动画，在场景 2 中，点击第 2 个画框可得到如图 17-126 所示效果。

图 17-126

第十步，可以看到在点击画框按钮后，动画按照指令进行跳转播放图片，但现在需要制作的是当鼠标悬停在画框上时，画框有动作的效果。

所以回到场景 2 中，之前制作的画框动画便是现在所需要的效果，所以我们在场景 2 中的图层 6（图层 6 放置的便是画框动画），选中它并给它一个实例名称为 hkjgdh，然后选中我们的画框按钮 1，F9 命令，代码片断，选中 Mouse Over 事件（鼠标悬停到此元件实例上会执行您可在其中添加自己的自定义代码的函数），将其中的"trace(" 鼠标悬停 ");"更改为"hkjgdh.gotoAndPlay("huakuang1");"；同理在画框按钮 2 上也增加命令，更改为"hkjgdh.gotoAndPlay("huakuang2");"；画框按钮 3 上继续增加命令，更改为"hkjgdh.gotoAndPlay("huakuang3");"。

此时，我们生成动画，就可以得到在鼠标悬停在画框 1 时，画框 3 弹出；在悬停在画框 2 时，画框 3 弹出；在悬停在画框 3 时，画框 3 弹出。但在鼠标离开画框时，画框又回到原来位置，所以我们需要继续给画框按钮命令，命令为 Mouse Out 事件（鼠标离开此元件实例会执行您可在其中添加自己的自定义代码的函数），将其中的"trace(" 鼠标悬停 ");"更改为"hkjgdh.gotoAndPlay("huakuang0");"，同理给画框按钮 2 和画框按钮 3 增加同样的命令。

此时生成动画，可以看到鼠标悬停在画框上，画框有弹出的效果，鼠标离开画框，画框也回到原来的位置了，如图 17-127 所示。

图 17-127

第十一步，在鼠标悬停画框动作效果完成后，我们现在需要制作的是点击画框 3 所呈现的第 3 组图片。

首先，我们在场景 2 中的图层 10 的第 43 帧添加一个空白关键帧，在 Actions 命令图层的第 43 帧，先添加一个停止的命令，然后 Ctrl+F8 创建新元件，影片元件命名为"遮罩方格动画"，在此元件中，我们运用矩形工具，绘制一个小正方形，将其对齐到舞台中心。然后选中正方形，F8 转换为图形元件，命名为"方格001"。

回到遮罩方格动画元件中，在第15帧添加一个实体关键帧，将第1帧的方格缩小10%，然后创建传统补间动画，在属性补间中添加一个顺时针旋转，在第15帧添加一个停止命令，如图17-128所示。

图17-128

继续新建一个影片元件，将其命名为"遮罩方格动画001"，将遮罩方格动画拖曳到遮罩方格动画001中，在时间轴延长帧，然后将图层1的帧复制，新建一图层，在新建图层2的第2帧添加一个空白关键帧，选中图层2的第2帧粘贴帧，将粘贴上的方块动画向右平移一定距离。同理，一个图层向后延长一帧，并粘贴帧向右平移，且在最后一帧添加一个停止命令，得到如图17-129所示效果。

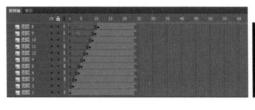

图17-129

继续新建一个影片元件，将其命名为"遮罩方格动画002"，将遮罩方格动画拖曳到遮罩方格动画002中，在时间轴延长帧，然后将图层1的帧复制，新建一图层，在新建图层2的第2帧添加一个空白关键帧，选中图层2的第2帧粘贴帧，将粘贴上的方块动画向下平移一定距离。同理，一个图层向后延长一帧，并粘贴帧向下平移，得到如图17-130所示效果。

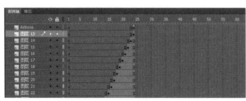

图17-130

在制作遮罩方格动画完成后，我们回到场景2中，新建一个影片元件，同第二组图片相同，将其命名为"直接调用图片序列"。在此元件中，我们现在需要运用一串代码为调用图片，所以在我们准备的文件夹中，找到"直接调用图片序列代码1"将其复制到直接调用图片序列的第1帧中，如图17-131所示。

图17-131

可以看到其中 "pic/01.jpg"，"pic/02.jpg"，"pic/03.jpg"，"pic/04.jpg"，"pic/05.jpg" 即为调用的图片。我们将其更改为 "pic/1.jpg"，"pic/2.jpg"，"pic/3.jpg"，"pic/4.jpg"，"pic/5.jpg"，则在生成动画后得到的是另一组图片。

我们回到场景 2 中，选中图层 10 上新建一个图层 11，将图层 11 的第 43 帧插入一个空白关键帧，然后将直接调用图片序列代码 1 元件拖曳到左上方（需要调整其位置与第一组图片的位置一致，可用 XY 轴来调整），此时我们在场景中是看不到调用的图片的，需要生成动画才可以看到调用的图片。

第十二步，在图层 11 上添加一个图层 12，在图层 12 的第 43 帧，添加一个空白关键帧，将遮罩方格动画拖曳到图层 11 的第 43 帧中，并将其对齐图片（运用 X/Y 轴的位置），然后将图层 12 设置为遮罩层，则得到如图 17-132 所示效果。

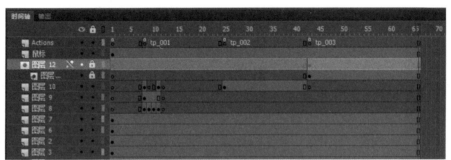

图 17-132

下面我们要设置画框按钮 3 的命令。点击画框按钮 3，F9 命令，代码片断，选中"单击以转到帧并播放"。将命令中的 gotoAndPlay("5") 更改为 gotoAndPlay("tp_003")，如图 17-133 所示。

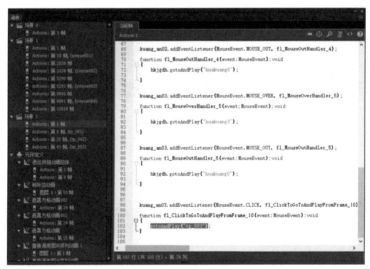

图 17-133

此时生成动画，就得到我们的整个作品了。

我们回到场景 0 中，在菜单栏文件中，找到发布设置，发布 WIN 放映文件，且将输出名称更改为整体作品，如图 17-134 所示。

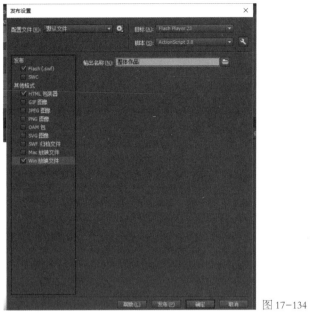

图 17-134

将其发布，在文件夹中就可以找到名为整体作品、类型为应用程序 (.exe) 的文件，将其打开，就可以看到我们制作的动画了。

进入页面，如图 17-135 所示。

图 17-135

音乐聆听页面，如图 17-136 所示。

图 17-136

美图赏析页面，如图 17-137 所示。

图 17-137

所以我们的整体作品，到这里就已经完成了。